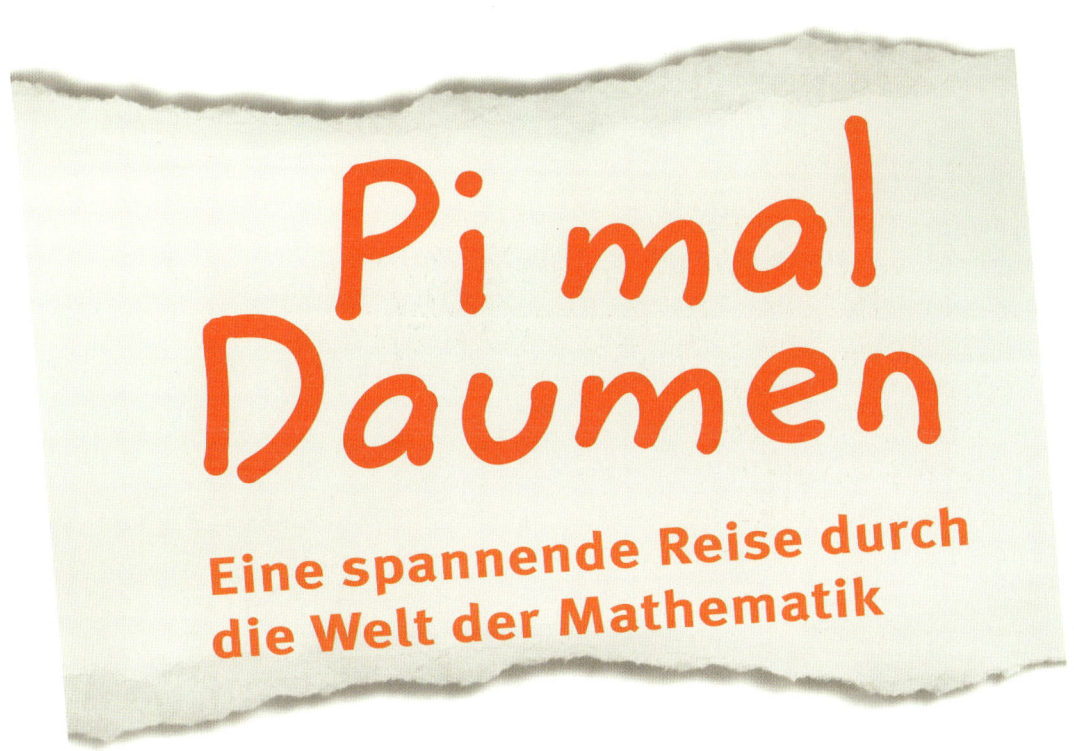

Pi mal Daumen

Eine spannende Reise durch die Welt der Mathematik

Jürgen Brück

compact kids

compact kids ist ein Imprint der
Compact Verlag GmbH

© Compact Verlag GmbH
Baierbrunner Straße 27, 81379 München
Ausgabe 2014
2. Auflage

Chefredaktion: Dr. Matthias Feldbaum
Redaktion: Astrid Kaufmann, Julia Vodermeier
Fachredaktion: Andreas Borrmann
Produktion: Johannes Buchmann
Illustrationen: Anja Imke
Abbildungen: siehe Bildnachweis S. 144
Titelabbildungen: im Uhrzeigersinn:
Falko Matte (fotolia), gavran333 (123rf), Jakub Krechowicz (123rf),
gbh007 (istockphoto), Igor Vesninov (123rf),
Rui Vale de Sousa (123rf), Martin Dworschak (123rf)
Gestaltung: Roman Bold & Black, Köln
Umschlaggestaltung: X-Design, München

ISBN 978-3-8174-8872-8
381748872/2

www.compactverlag.de

Willkommen in der spannenden Welt der Mathematik!

Wenn du am Nachmittag über deinen Mathematik-Hausaufgaben sitzt, fragst du dich vielleicht, was das eigentlich mit deinem Alltag zu tun hat. Die Aufgaben erscheinen dir wie ein lästiges Spiel, das sich eure Lehrer ausgedacht haben, um euch zu ärgern.

Dieses Buch zeigt dir, dass es durchaus nicht so ist, sondern dass die Mathematik in vielen Bereichen unser modernes Leben bestimmt und die Welt der Zahlen eine wirklich aufregende Sache ist, wenn man sich nur ein wenig mit ihr beschäftigt.

Ohne Mathematik könntest du zum Beispiel keinen wirklich leckeren Sonntagskuchen backen, weil du keine Waage hättest, um die Zutaten abzuwiegen. Auch das Haus, in dem du wohnst, würde ohne die Erkenntnisse aus der Mathematik in sich zusammenstürzen. Ganz zu schweigen von deinem Computer, der natürlich auch von Mathematikern entwickelt wurde. Diese und ähnliche Lebensbereiche, in denen mehr Mathematik steckt, als man zunächst glaubt, werden dir auf den folgenden Doppelseiten vorgestellt.

Darüber hinaus erfährst du allerlei Kurioses aus der Welt der Zahlen: Warum gefallen uns Figuren und Bilder, die nach dem Prinzip des Goldenen Schnitts gestaltet wurden? Was steckt dahinter, dass bestimmte Zahlen in der Natur immer wieder vorkommen? Und wie kann man sich seine Zeit mit magischen Quadraten vertreiben? Am Anfang des Buches erfährst du aber auch, wann und unter welchen Umständen die Menschen überhaupt die Zahlen erfunden haben und in welche Systeme sie sie anschließend eingeordnet haben.

Du siehst: Im Zusammenhang mit der Mathematik gibt es unendlich viele spannende Themen. Lass dich nun von der Welt der Zahlen verzaubern und werde selbst ein kleiner Mathematiker, indem du dich an dem ein oder anderen Experiment versuchst.

Inhaltsverzeichnis

Gibt es noch weitere Zahlensysteme? 82

Mathematik im Alltag 100

Vom Abakus zum Supercomputer 128

Bekannte Mathematiker

🎧 **Pythagoras**

Ein Leben ohne Zahlen

In deinem Leben bist du nur so von Zahlen umgeben. Schon wenn du aufwachst, spielen sie eine Rolle. Denk bloß einmal an die Uhrzeit, wenn dein Wecker klingelt. Wenn du über deinen Tag nachdenkst, fallen dir bestimmt noch weitere Beispiele dafür ein, wann Zahlen dein Leben bestimmen.

↻ Schon morgens wirst du von Zahlen geweckt.

Aber die Menschen haben noch nicht immer Zahlen gekannt. Man weiß nicht ganz genau, wann die ersten Menschen sich mit Zahlen beschäftigten. Es gab aber vor vielen Tausend Jahren eine Zeit, als die Menschheit noch keine Zahlen kannte.

Mein Experiment:

Um selbst festzustellen, wie wichtig Zahlen in deinem Leben sind, kannst du dieses kleine Experiment machen: Trage immer einen Zettel und einen Stift bei dir und mache einen Strich, wenn dir wieder eine Zahl begegnet ist. Zählst du dann am Abend die Striche, wirst du staunen, wie viele Zahlen das gewesen sind.

⮑ Du wirst staunen, wie häufig dir tagtäglich Zahlen begegnen.

Ein Volk kennt keine Zahlen

Forscher können sich heute noch ansehen, wie ein Leben ohne Zahlen funktioniert, denn es gibt im tropischen Regenwald in Brasilien ein kleines Volk, das noch heute ohne Zahlen lebt. Diese Menschen nennen sich „Pirahã". Ihren Lebensunterhalt bestreiten sie durch Jagen und Sammeln. Von ihnen gibt es nur etwa 300 Personen und sie leben tatsächlich, ohne zu wissen, was Zahlen sind. Die einzigen Mengenangaben, die sie kennen, sind „wenige" und „viele" und mit diesen können sie natürlich nicht rechnen.

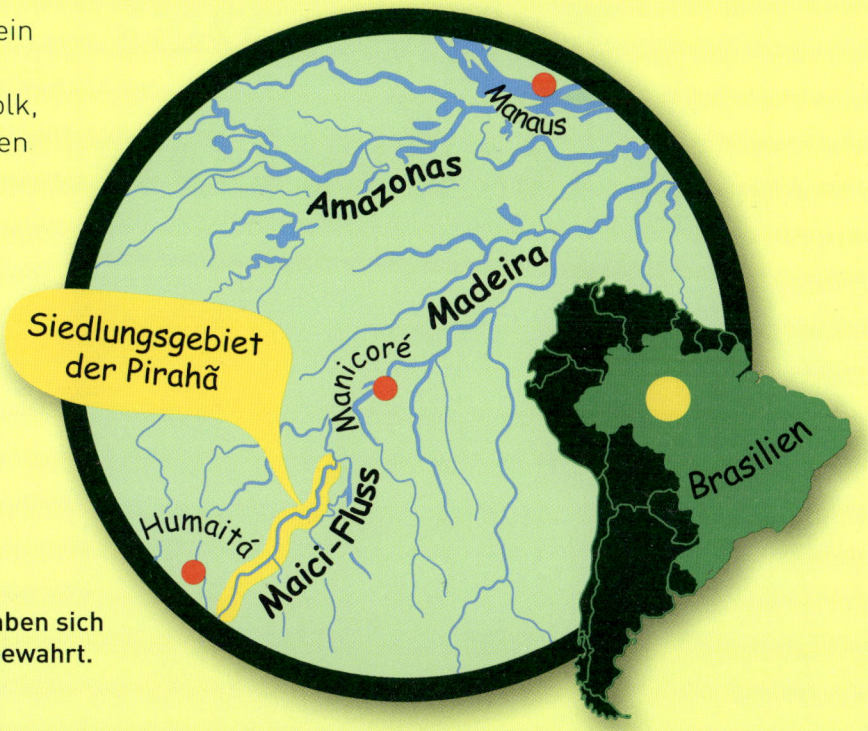

Siedlungsgebiet der Pirahã

➲ An diesem kleinen Flecken Erde haben sich die Pirahã ihr Leben ohne Zahlen bewahrt.

Für die Pirahã haben Zahlen keine Bedeutung

Nun haben Wissenschaftler versucht, den Pirahã das Rechnen beizubringen. Aber obwohl sie durchaus komplizierte Dinge lernen können, schafften sie es auch nach monatelangem Unterricht nicht, von 1 bis 10 zu zählen. Das liegt daran, dass Zahlen für die Pirahã nie wichtig waren.

Warum die Pirahã im Gegensatz zu anderen Völkern nicht auf den Gedanken gekommen sind, Zahlen zu erfinden, wird für immer ihr Geheimnis bleiben. Auf jeden Fall können die Wissenschaftler mit ihrer Hilfe herausfinden, wie es früher gewesen sein muss, ganz ohne Zahlen zu leben.

➲ Das Siedlungsgebiet der Pirahã jenseits der modernen Zivilisation nahe dem Amazonas im brasilianischen Regenwald.

Wissenswert!

Die Pirahã haben noch mehr Besonderheiten: Für sie ist nur die Gegenwart wichtig, deshalb kennt ihre Sprache keine Zeitwörter. Farben werden von ihnen ebenfalls nicht beim Namen genannt. Auch kennt ihre Sprache keine Nebensätze. Die Pirahã sagen zum Beispiel nicht: „Wenn ich gegessen habe, besuche ich dich." Stattdessen sagen sie: „Ich esse. Ich besuche dich."

Die Zahlen bei den Babyloniern

Dort, wo sich heutzutage die Länder Irak und Iran befinden, lebten vor vielen Tausend Jahren die Babylonier. Den Landstrich, in dem sie lebten, nennt man Mesopotamien. Wissenschaft war für dieses alte Volk eine ganz wichtige Sache. Da wundert es nicht, dass damals viele hervorragende Wissenschaftler Babylonier waren. Ungefähr 3000 Jahre vor Christi Geburt begannen die Babylonier, sich mit Mathematik zu beschäftigen.

↩ Der gelb markierte Landstrich brachte viele wichtige Wissenschaftler hervor.

Zählen und bauen

Aber wie kam man damals darauf, so etwas wie die Mathematik zu „erfinden"? Ganz einfach: Die Babylonier lebten unter anderem von der Viehzucht; und wer Vieh züchtet, möchte natürlich wissen, wie viel Vieh er überhaupt besitzt. Um das herauszufinden, muss er zählen. Außerdem beschäftigten sich die Babylonier mit Geometrie. Um Häuser oder andere Bauwerke so zu bauen, dass sie nicht sofort wieder zusammenfielen, musste man auch damals schon bestimmte Berechnungen anstellen.

↻ Reiche Viehzüchter mussten unbedingt den Überblick über ihre Viehbestände behalten.

Schon gewusst?

Die Babylonier hatten anfangs für die Null noch kein eigenes Zeichen. Wenn sie eine Null darstellen wollten, haben sie einfach ein Leerzeichen genommen, wie wir heute sagen würden. Sie haben also gar kein Zeichen aufgeschrieben, sondern eine Lücke gelassen. Schließlich bedeutete null ja nichts, und für nichts ist auch kein eigenes Zeichen notwendig, haben sie sich wohl gedacht.

Von der Kerbschrift zur Keilschrift

Die Babylonier benutzten zum Schreiben nicht Papier und Kugelschreiber, sondern Tontafeln und angespitzte Stöcke. Mit den Stöcken konnten sie ganz leicht Zeichen in weichen Ton einritzen. Aus dieser sogenannten Kerbschrift entwickelte sich innerhalb von etwa 1000 Jahren die Keilschrift. Wie die Zahlen von 1 bis 10 in dieser Schrift aussahen, kannst du auf dem Bild sehen.

⮑ Wie man erkennen kann, steckt hinter der Keilschrift ein System.

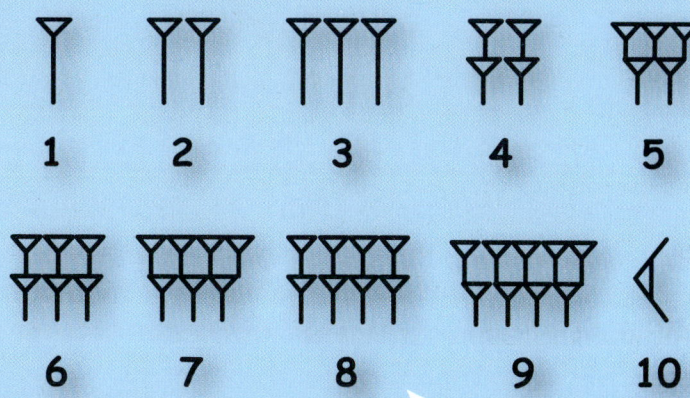

Wissenswert!

Vielleicht fragst du dich jetzt, woher wir überhaupt wissen, wie die Mathematik der Babylonier aussah. Die Menschen ritzten damals alle Zeichen in weichen Ton ein. Nach einiger Zeit wurde der Ton dann hart und die Schriftzeichen blieben erhalten. Weil harter Ton sehr stabil ist, hat man viele dieser uralten Tafeln gefunden und kann darauf noch immer die alte Keilschrift erkennen.

⮐ Bei der Erfindung der Schrift gaben die Babylonier den Ton an: Sie ritzten ihre Zeichen in Tontafeln.

Die Rechnungen der Babylonier

Die Babylonier konnten schon sehr früh die Größe von Flächen berechnen. Auch für das Volumen von Körpern kannten sie bereits Formeln. Das, was wir heute als Grundrechenarten bezeichnen (also Plus, Minus, Mal und Geteilt), beherrschten sie auch schon. Selbst komplizierte Aufgaben konnten sie mithilfe besonderer Tabellen lösen. Das weiß man deshalb, weil Wissenschaftler sogenannte Multiplikationstabellen gefunden haben, die aus dem Jahr 2600 vor Christus stammen.

🎧 Auch heute noch verwendet man Multiplikationstabellen wie diese, um sich das Rechnen zu erleichtern. Mit ihrer Hilfe kannst du das kleine Einmaleins lernen und üben.

Die Zahlen bei den Ägyptern

Wenn du an das alte Ägypten denkst, kommen dir sicherlich ganz schnell die großen Pyramiden in den Sinn. Vielleicht denkst du auch noch an Kamele und die Pharaonen. Und bestimmt hast du auch schon einmal davon gehört, dass die Ägypter wissenschaftlich so einiges auf dem Kasten hatten. Besonders in der Mathematik konnte ihnen so schnell kein anderes Volk etwas vormachen.

➲ In Nordafrika entwickelte sich seit 3000 vor Christus die Hochkultur der Ägypter.

Berechnungen für den Bau der Pyramiden

Man muss sich nur einmal die Pyramiden ein wenig genauer ansehen, um zu verstehen, dass man solch perfekte Bauwerke nur dann hinbekommt, wenn man über gute mathematische Kenntnisse verfügt. Schließlich sollten diese Bauwerke ganz gleichmäßig aussehen und durften nicht nach ein paar Jahren wieder zusammenfallen. Das ist zum Glück ja auch nicht geschehen.

Wissenswert!

Die Pyramiden von Gizeh zählen zu den ältesten erhaltenen Bauwerken der Menschheit. Sie wurden zwischen 2600 und 2500 vor Christus erbaut – und du kannst sie heute noch immer bewundern.

↻ Die Pyramiden von Gizeh. Hier begruben die alten Ägypter ihre Pharaonen. Die Pyramiden gehören zu den sieben Weltwundern der Antike.

Meister im Umgang mit Zahlen

Man muss sich schon ziemlich gut mit Geometrie aus-
kennen, um so etwas wie die Pyramiden von Gizeh zu
schaffen. Aber die Ägypter durften natürlich auch keine
Angst vor komplizierten Rechnungen haben, die schließlich die Grundlage für ihre geometrischen Kenntnisse
waren. Sie beherrschten selbstverständlich alle vier
Grundrechenarten (also Plus, Minus, Mal und Geteilt)
und konnten prima mit Zahlen umgehen.

Papyrusrollen als Mathebücher

Sie schrieben ihre Berechnungen auf lange
Papyrusrollen, die aus der Papyrus-Pflanze,
einer Art Farn, hergestellt wurden und sich
leichter beschreiben ließen als Tontafeln. Zwei
dieser Rollen sind bis heute erhalten geblieben.
So weiß man, dass sich die Menschen im alten
Ägypten auch schon Matheaufgaben ausgedacht
haben, die sie dann später lösen mussten. Wahrscheinlich haben sie auf diese Weise einige der
Formeln entdeckt, die sie beim Bau der Pyramiden prima verwenden konnten.

🎧 Nicht nur die Ägypter, auch die alten Griechen
schrieben auf Papyrus, dem Papier der Antike
aus Pflanzenfasern. Hier eine Seite aus Euklids
Werk „Elemente".

Die Hieroglyphen-Schrift

Die Ägypter verfügten über eine eigene Schrift. Sie bestand
aus den sogenannten Hieroglyphen. Einige dieser Hieroglyphen
waren richtige kleine Zeichnungen. Auch die Zahlen wurden mithilfe dieser Schriftzeichen wiedergegeben. Sie benutzten dabei
schon dasselbe
Zahlensystem wie
wir, nämlich das
Dezimalsystem.
In diesem System
(siehe die Seiten
84, 85) spielt die
Zahl 10 eine ganz
besondere Rolle.
Viele Experten sind
erstaunt, wie gut
die Ägypter rechnen
konnten.

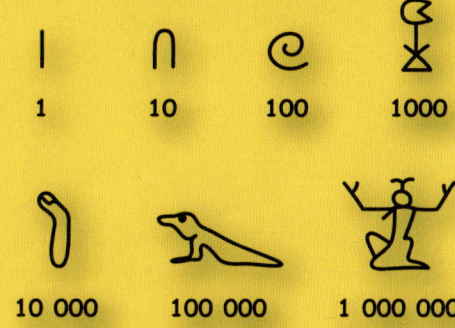

1	10	100	1000

10 000	100 000	1 000 000

🎧 Um die Hieroglyphen-Schrift anzu-
wenden, musste man auch sauber
zeichnen können.

Mein Experiment:

Schrift erfinden

Wie du siehst, haben die
Menschen in den verschie-
denen Ländern früher ganz
unterschiedliche Zeichen
für Zahlen gehabt. Versuche
doch einmal, eine eigene
Schrift zu erfinden. Denke
aber daran, dass man mit
deinen Zeichen gut rechnen
können muss.

Die Zahlen bei den Chinesen

Russland

Kasachstan

Mongolei

China

Indien

Golf von Bengalen

Thailand

Japanisches Meer

Ostchinesisches Meer

Südchinesisches Meer

China
Shang-Dynastie

Obwohl China ein riesengroßes und mittlerweile auch wirtschaftlich wichtiges Land ist, wusste man hierzulande lange Zeit nicht viel über das „Reich der Mitte" (so wird China auch manchmal genannt). Inzwischen wissen wir, dass die chinesische Kultur und Wissenschaft schon uralt sind und dass die Chinesen auf beiden Gebieten tolle Leistungen vollbracht haben.

↻ Wie du siehst, hat sich das „Reich der Mitte" seit 1500 vor Christus (Beginn der Shang-Dynastie) ganz schön vergrößert.

Wissenswert!

Ein paar Zahlen zu China

China ist ein enorm großes Land, es misst heute 9.600.000 Quadratkilometer. Damit ist es fast so groß wie ganz Europa. Es leben mehr als 1 Milliarde Menschen – genauer gesagt 1.300.000.000 – dort; das ist ungefähr ein Fünftel der gesamten Weltbevölkerung. Damit ist es nicht nur ein sehr großes, sondern auch ein sehr dicht besiedeltes Land.

Das berühmteste Bauwerk Chinas ist wohl die Große Chinesische Mauer, die 6350 Kilometer lang ist. Mit ihrem Bau wurde ungefähr 300 Jahre vor Christi Geburt begonnen. Bis sie komplett fertig war und alle Verbesserungen abgeschlossen waren, vergingen fast 2000 Jahre.

➾ Die Chinesische Mauer ist das berühmteste Wahrzeichen Chinas. Sie gilt als eines der größten Bauwerke der Welt.

„luo shu" und „he tu"

Natürlich haben die Chinesen in ihrer langen Geschichte auch gerechnet. Man geht davon aus, dass sie im Jahr 2000 vor Christus bereits über einige mathematische Kenntnisse verfügten. Zwei sehr alte Zeugnisse chinesischer Rechenkunst stammen in etwa aus dem Jahr 1600 vor Christus. Sie heißen „luo shu" und „he tu".

Das „luo shu" ist ein sogenanntes magisches Quadrat. Es besteht aus drei Zeilen und drei Spalten. Hier muss man die Zahlen von 1 bis 9 so eintragen, dass jede Zahlenreihe (horizontal, vertikal und diagonal) die Summe 15 ergibt.

Das „he tu" sieht aus wie ein Kreuz. Auch hier muss man die Zahlen von 1 bis 9 eintragen. In diesem Fall ergeben aber alle geraden Zahlen und alle ungeraden Zahlen, die um das mittlere Feld herumgruppiert sind, in ihrer Summe 20.

↺ ↻ luo shu und he tu – zwei knifflige Zahlenrätsel

Tangram – das Mathe-Puzzle

Vielleicht kennst du das Spiel Tangram. Es besteht aus sieben verschiedenen geometrischen Figuren, die man immer wieder zu neuen Figuren zusammensetzen muss. Man kann damit über 100 unterschiedliche Sachen zusammenpuzzeln. Das Tangram ist eines der ältesten mathematischen Spiele überhaupt und wurde in China erfunden. Die Chinesen haben es schon 800 vor Christus gespielt.

➲ Auch im alten China verbrachte man einen Teil seiner Freizeit mit spielen.

Mein Experiment:

Du kannst dir ganz einfach selbst ein Tangram-Spiel basteln. Im Internet findest du zahlreiche Vorlagen zum Ausdrucken. Klebe sie auf ein Stück Pappe und schneide die Einzelteile aus. Du kannst den Plan auch auf ein Stück Sperrholz abpausen und die Teile dann mit der Laubsäge aussägen. Noch schöner ist es, wenn du die einzelnen Teile deines Quadrats in unterschiedlichen Farben anmalst. So etwas ist dann auch ein nettes Geschenk.

⮠ So oder so ähnlich sieht das Tangram-Spiel in seiner Grundposition (dem Quadrat) aus.

Mathebücher aus Bronze

Ihre ersten Rechenbücher schrieben die Chinesen auf Bronzetafeln. Solche Tafeln sind sehr stabil, und deshalb gibt es einige von ihnen noch heute. So sehen wir, dass die Chinesen fleißige Mathebuch-Schreiber waren. Diese alten Bücher geben nicht nur Auskunft darüber, welche Aufgaben die Chinesen gerechnet haben. Sie zeigen auch, dass sie viele mathematische Formeln nicht selbst entwickelt, sondern von Reisen zu anderen Völkern mitgebracht haben. Außerdem erfahren wir dort vom chinesischen Kalender, dessen Berechnung eine große Rolle bei der Entwicklung der chinesischen Mathematik gespielt hat.

⮠ Der chinesische Kalender richtet sich sowohl am Sonnen- als auch am Mondzyklus aus.

Chinesische Schriftzeichen

Auch die chinesische Schrift kennen wir aus diesen alten Büchern. Zur Darstellung von Zahlen verwendeten die Chinesen senkrechte und waagerechte Striche.

Diese Schrift war für die Chinesen sehr praktisch, denn sie haben damals nicht schriftlich gerechnet, wie du es in der Schule gelernt hast. Sie benutzten Bambusstäbchen, die sie auf ein Rechenbrett legten, um die Lösungen von Rechenaufgaben zu finden.

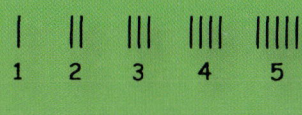

➲ Die Darstellung von Zahlen in der alten chinesischen Schrift.

Einige chinesische Mathebücher

Das älteste erhaltene chinesische Lehrbuch für Mathematik heißt „Chou Pei Suan Ching". Seine ältesten Aufgaben stammen aus dem Jahr 1200 vor Christus. Dieses Lehrbuch ist aber ganz anders als die Bücher, die du kennst. In ihm findest du nämlich ein Gespräch zwischen einem Prinzen und seinem Minister über den Kalender. Es gibt aber auch ein fast genauso altes Buch, in dem 246 Matheaufgaben, wie wir sie kennen, zusammengestellt sind.
Ungefähr im Jahr 200 vor Christus ist dann ein ganz ausführliches Werk geschrieben worden, das die gesamten mathematischen Kenntnisse der Chinesen zur damaligen Zeit enthält. Es heißt übersetzt „Mathematik in neun Büchern".

Wissenswert!

Die heutige chinesische Schrift unterscheidet sich ganz schön gewaltig von ihren Anfängen. Wie du siehst, sind die Zeichen komplizierter geworden. Sie zu erlernen, dauert sicher einige Zeit. Immerhin gibt es 87.000 von ihnen. Für den täglichen Bedarf sind allerdings nur zwischen 3000 und 5000 Zeichen nötig, aber auch das ist ja eine ganze Menge. Jedes dieser Zeichen repräsentiert genau eine Silbe, also mehrere Laute, während bei uns jeder Buchstabe einen Laut repräsentiert.

零	一	二	三
0	1	2	3
四	五	六	七
4	5	6	7
八	九	十	
8	9	10	

Die Zahlen bei den Mayas

Das Volk der Mayas lebte vor vielen Tausend Jahren ungefähr dort, wo heute der Staat Mexiko liegt. Die ersten Siedlungen der Mayas entstanden bereits 3000 vor Christus. Ihre beste Zeit hatten sie etwa 2000 Jahre später. Damals entstanden große Städte und beeindruckende Bauwerke. Anfang des 16. Jahrhunderts eroberten die Spanier das Gebiet, und die Kultur der Mayas ging unter.

🎧 Auf dem Gebiet des heutigen Mexiko entwickelten die Mayas ihre Hochkultur.

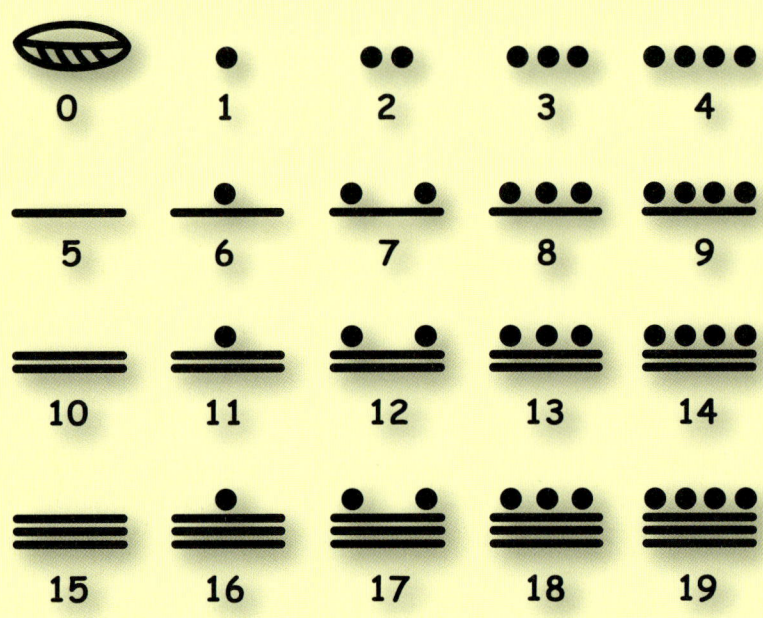

🎧 Das raffinierte Zahlensystem der Mayas

Schreiben und rechnen

Die Mayas haben schon sehr früh eine Schrift entwickelt und vieles von dem, was sie taten, aufgeschrieben. Daher wissen wir heute eine ganze Menge über ihre Kultur und Wissenschaft. Auch Zeichen für ihre Zahlen haben sie früh erfunden. Sie entwickelten ein System, bei dem sie nur drei Zeichen brauchten, um alle Zahlen darstellen zu können: Eine Muschel symbolisierte die Zahl Null, ein Punkt stand für die Eins und ein waagerechter Strich für die Fünf. Die Zahlen wurden dabei nicht – wie bei uns – nebeneinander, sondern von oben nach unten geschrieben. Die kleinste Zahl stand oben, die größte unten.

⌂ Die Kukulkán-Pyramide in Chichén Itzá, einer der bedeutendsten Städte der Mayakultur in Mexiko

Beobachtung von Sternen und Jahreszeiten

Obwohl die Mayas viele großartige Bauwerke geschaffen haben –, ihre Tempel sind teilweise noch größer und beeindruckender als die ägyptischen Pyramiden – haben sie sich die meisten ihrer mathematischen Kenntnisse über die Astronomie erworben. Mit ihren Beobachtungen der Sterne und der Jahreszeiten sowie mit ihren Kalendern waren sie unserer Kultur damals um fast 1000 Jahre voraus.

Schon gewusst?

Mehrere Kalender

Heutzutage kennen wir einen Kalender, in dem die Tage des Jahres, die Jahreszeiten und auch die Mondphasen aufgeschrieben sind. Die Mayas hatten mehr als nur einen Kalender. Ihr Jahreskalender hatte, genauso wie unserer, 365 Tage. Dieser Kalender war schon so gut berechnet, dass man es nur mit einem Computer noch besser hätte machen können. Daneben gab es noch einen Kalender, der 260 Tage umfasste. Ihn benutzten die Priester der Mayas, um daraus das Schicksal der Menschen zu deuten.

⟳ Der Kalender der Mayas

Mit Fingern und Zehen zählen

Das Zahlensystem der Mayas war, anders als bei uns, kein Zehnersystem, sondern ein System, das auf der Zahl 20 aufbaut. Das war wahrscheinlich so, weil sie zum Zählen ihre zehn Finger und zehn Zehen benutzten. Sie konnten allerdings alle wichtigen Berechnungen mit ihren Zahlen durchführen.

Archimedes

Der Grieche Archimedes von Syrakus war einer der genialsten Mathematiker aller Zeiten. Er wurde um 287 vor Christus geboren und starb 212 vor Christus. Archimedes hat zu seinen Lebzeiten viele tolle Erfindungen gemacht und mathematische Gesetzmäßigkeiten entdeckt, die erst 2000 Jahre später von anderen Mathematikern bewiesen werden konnten. Neben der Mathematik betrieb er auch praktische Physik – vor allem Mechanik. So entwickelte Archimedes etwa die Wurfmaschinen, die im 2. Punischen Krieg bei der Verteidigung Syrakus gegen die römischen Besatzer verwendet wurden.

Archimedes als Mathematiker

In der Mathematik hat Archimedes einige bedeutende Leistungen vollbracht. So war er der Erste, der die sogenannte Kreiszahl Pi nach einem komplizierten Verfahren berechnen konnte. Man braucht Pi unter anderem dazu, den Umfang und die Fläche eines Kreises zu berechnen. Außerdem hat er sich damit beschäftigt, den Rauminhalt von komplizierten Gebilden zu berechnen. Das konnte er so gut, dass viele seiner Überlegungen fast 2000 Jahre nach seinem Tod andere berühmte Mathematiker dazu gebracht haben, Ideen für ein ganz neues Gebiet innerhalb der Mathematik zu entwickeln – die Integralrechnung.

↻ Die Kreiszahl Pi (π) sowie die Formel zur Berechnung der Fläche eines Kreises

$$\pi = 3{,}1415926\dots$$

$$A = r^2 \times \pi$$

Archimedes als Erfinder

Archimedes kannte sich nicht nur gut mit Mathematik aus, er hatte auch mehr Ahnung von Physik als die meisten seiner Zeitgenossen. Und so erfand er einige sehr praktische Dinge, die den Alltag erleichterten. Mit der sogenannten „Archimedischen Schraube" konnte man Wasser auch bergauf transportieren. Außerdem konstruierte er Seilwinden, die ein komplettes Schiff mit Besatzung durch Ziehen an einem einzigen Seil bewegen konnten. Für den Krieg erfand er allerhand Katapulte und andere Geräte. Außerdem heißt es, er habe mithilfe von Spiegeln das Sonnenlicht gebündelt und dann die Schiffe der feindlichen römischen Flotte damit in Brand gesteckt.

🎧 Archimedes' Erfindungen erleichterten den Alltag im alten Griechenland. Hier ist die sogenannte „Archimedische Schraube" zu sehen.

„Störe meine Kreise nicht"

Archimedes war nicht nur ein genialer Wissenschaftler, sondern auch ein etwas seltsamer Geselle. Man erzählt sich folgende Geschichte aus der Zeit, als die Römer Archimedes' Heimat Syrakus eingenommen haben: Der Gelehrte soll damals vor seiner Hütte gehockt und geometrische Figuren in den Sand gezeichnet haben. Als ein römischer Soldat kam, um ihn festzunehmen, herrschte Archimedes ihn an: „Störe meine Kreise nicht!" Daraufhin brachte der Soldat den Gelehrten um. Ob diese Geschichte wirklich stimmt, weiß man nicht, aber der Satz „Störe meine Kreise nicht" ist trotzdem sehr berühmt geworden.

🔄 Sein wissenschaftliches Arbeiten war für Archimedes alles, auch wenn es ihn in Gefahr brachte und ihn schließlich sogar das Leben kostete.

Die Zahlen bei den Griechen

Griechenland wird gerne als „Wiege der Kultur" Europas bezeichnet. Das bedeutet, dass im alten Griechenland die Grundlagen für unsere heutige Kultur gelegt worden sind. Dazu gehören auch die Grundlagen unserer Naturwissenschaften und der Mathematik.

🎧 Hier liegt die Wiege der europäischen Kultur und Wissenschaft.

Eine ganz neue Mathematik

Etwa 600 Jahre vor Christus begannen die Griechen, sich auf ganz systematische Art und Weise mit der Mathematik zu beschäftigen. Sie schauten sich die bis dahin bekannten Formeln ganz genau an und versuchten, weitere Gesetze daraus abzuleiten und zu beweisen, dass diese Formeln tatsächlich stimmten. Bis dahin war es den Leuten egal, warum eine Formel funktionierte; Hauptsache, sie tat es. Den griechischen Gelehrten war das nicht genug, sie wollten tiefere Einblicke gewinnen. Sie waren auch davon überzeugt, dass alle Naturphänomene einem genauen Plan folgten: nämlich einem mathematischen Plan.

Schon gewusst?

Auch die Griechen hatten ihre ganz eigene Schrift (das haben sie auch heute noch). Viele der Buchstaben aus dem griechischen Alphabet findet man noch heute in der modernen Mathematik. So werden zum Beispiel die Winkel in einem Dreieck mit den griechischen Buchstaben α (Alpha), β (Beta) und γ (Gamma) bezeichnet.

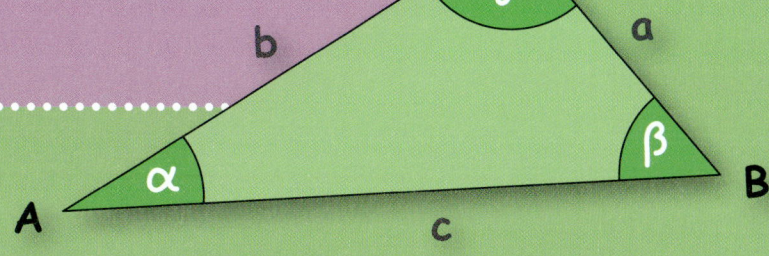

⮫ Viele Buchstaben aus dem griechischen Alphabet werden in der modernen Mathematik verwendet.

Viele berühmte Mathematiker

Mit dieser Arbeitsweise fanden die griechischen Mathematiker viele wichtige Formeln, die wir heute in der Mathematik noch oft gebrauchen. Der Gelehrte Thales hat viele Gesetze über Dreiecke und Kreise gefunden. Mit ganz besonderen Dreiecken, den sogenannten rechtwinkligen Dreiecken, beschäftigte sich Pythagoras. Ein Grieche mit dem Namen Euklid hat viele weitere Dinge aus dem Bereich der Geometrie herausgefunden. Deshalb nennen wir die Geometrie, die du in der Schule lernst, auch euklidische Geometrie. Platon wiederum hat sich mit Körpern wie dem Würfel beschäftigt und dabei viele spannende Dinge herausgefunden.

Wissenswert!

Euklid ist auch dafür verantwortlich, dass wir sehr viel über die griechische Mathematik wissen. Er hat nämlich unter dem Titel „Die Elemente" 13 Bücher geschrieben, in denen er alles erklärt, was die griechischen Mathematiker zu seiner Zeit wussten.

⮫ Diese Statue von Euklid steht in einem Museum der Universität von Oxford.

Die Zahlen bei den Römern

Wenn die Rede von berühmten Mathematikern ist, hört man meistens die Namen von griechischen Gelehrten. Manchmal werden auch die großen Leistungen der Mayas oder Chinesen genannt. – Aber nie spricht jemand von den Römern. Wie kann das sein? Hatten die Römer vielleicht gar keine Ahnung von Mathematik?

➲ Rom zur Zeit seiner größten Ausdehnung: 117 nach Christus. Zu dieser Zeit nutzten die alten Römer mathematisches Wissen zur Errichtung prächtiger Bauwerke.

Praktische Mathematik

Natürlich hatten die Römer Ahnung von Mathematik. Wie hätten sie auch sonst so tolle Bauwerke wie den Circus Maximus in Rom oder ihre vielen Tempel bauen können. Das klappt nicht, ohne dafür vorher umfangreiche Berechnungen anzustellen! Allerdings hatten sie eine andere Einstellung zu dieser Wissenschaft als beispielsweise die Griechen. Griechische Mathematiker versuchten, komplizierte Zusammenhänge zu verstehen und mathematische Gesetze herauszufinden. Den Römern reichte es, diese Gesetze zu kennen und dann mit ihrer Hilfe praktische Dinge zu tun, wie zum Beispiel einen Tempel zu errichten. Heutzutage würde man wohl sagen, die Römer waren Anwender. Mathematische Theorien standen bei ihnen nicht so hoch im Kurs.

↻ Der Circus Maximus wurde im 6. Jahrhundert nach Christus erbaut. In der größten Arena des antiken Rom wurden vor Tausenden von Zuschauern wilde Wagenrennen veranstaltet.

↻ Die Tempel der Römer waren gewaltige Bauwerke. Hier siehst du ein gut erhaltenes Exemplar, das in der Stadt Nîmes (heute Frankreich) steht.

Römische Zahlen

Obwohl sich die Römer fleißig bei den mathematischen Erkenntnissen anderer Völker bedienten, benutzten sie ganz andere Zeichen für ihre Zahlen. Die folgenden Zeichen bildeten dabei die Grundlage des römischen Zahlensystems:

I = 1; V = 5; X = 10; L = 50; C = 100; D = 500; M = 1000

Wenn du nun mit diesen Symbolen irgendeine Zahl darstellen willst, musst du die richtige Anzahl der Symbole nach bestimmten Regeln aneinanderreihen. Für eine 3 schrieben die Römer beispielsweise III, eine 4 konnte als IIII oder IV (5 minus 1) geschrieben werden. Im Alltag verwendeten die Römer aber eher die Schreibweise IIII, denn das war für sie viel praktischer. Die Zahl 153 sah dann so aus: CLIII; und die Jahreszahl 2013 hätten sie folgendermaßen geschrieben: MMXIII.

↻ Hier siehst du einen römischen Grabstein aus dem 2. Jahrhundert nach Christus.

Wissenswert!

So sehr praktisch veranlagt die alten Römer auch waren, ihr Zahlensystem war es eher nicht. Da größere Zahlen durch Aneinanderreihen von Zahlzeichen realisiert wurden, war es unmöglich, kompliziertere Rechnungen übersichtlich darzustellen. Um die Zahl 38 aufzuschreiben, brauchte man beispielsweise 7 Buchstaben. Du kannst dir also vorstellen, wie viel Platz es brauchte, um eine einfache Aufgabe wie 58 · 69 + 2689 aufzuschreiben. Wirkliche mathematische Fortschritte konnte es deshalb mit diesem Zahlensystem in Europa nicht geben.

↻ Solch eine römische Zahl konnte ganz schön sperrig sein; wie zum Beispiel die 38.

Mein Experiment:

Römische Zahlen begegnen uns auch heutzutage noch. Schau dich einmal zu Hause und in der Stadt um, wo du sie überall finden kannst. Wenn du eine römische Zahl entdeckt hast, die ein wenig komplizierter aussieht, dann versuche sie einmal in unsere Schreibweise zu „übersetzen". Daraus kannst du auch zusammen mit einigen Freunden einen schönen Wettbewerb machen. Wer die meisten römischen Zahlen entdeckt und richtig übersetzt hat, ist der Sieger.

↻ Römische Zahlen zieren dieses Ziffernblatt. Kannst du sie lesen?

Die Zahlen kommen nach West- und Mitteleuropa

🎧 In den Ländern West- und Mitteleuropas kam die Mathematik erst allmählich in Schwung, aber dann folgten zahlreiche wichtige Entdeckungen.

Auch in West- und Mitteleuropa haben sich die Menschen mit Mathematik beschäftigt. Allerdings war es hier lange Zeit ziemlich unspektakulär, was man mit den Zahlen so anstellte. Es wurde zwar gezählt, und die vier Grundrechenarten kamen zur Anwendung. Auch baute man große Gebäude auf der Grundlage bestimmter Berechnungen. Es sollte aber bis zum Ende des Mittelalters dauern, bis die Mathematik in Mitteleuropa in Fahrt kam – dann aber ging es so richtig los ...

Der Buchdruck – Motor der Wissenschaft

Ganz wichtig ist hierfür die Erfindung des Buchdrucks Mitte des 15. Jahrhunderts. Denn von da an war es möglich, Informationen ziemlich einfach zu vervielfältigen, sodass viele Menschen sie lesen konnten. Bis dahin wurden Bücher mit der Hand – meistens in Klöstern – kopiert. Das dauerte lange und auf diese Weise entstanden auch nur wenige Kopien.

🎧 Der Mainzer Johannes Gutenberg erfand den Buchdruck und vervielfältigte die Bibel. Sie ist bekannt unter dem Namen „Gutenberg-Bibel".

Neue Mathematikbücher

Nun begann man an vielen Orten, das gesamte damalige Wissen – auch über die Mathematik – in die lateinische Sprache zu übersetzen und in Büchern aufzuschreiben. Latein war damals die Sprache der Gelehrten. So entstanden einige wichtige Mathematikbücher. Zum Beispiel veröffentlichte der bekannte portugiesische Mathematiker Pedro Nunes (1502–1578) im Jahr 1532 sein Buch „Libro de Algebra", 1544 erschien in Deutschland „Arithmetica Integra" von Michael Stifel (1487–1567) und der erste englische Algebratext „The Whetstone of Witte" wurde 1557 von Robert Recorde (1510–1558) veröffentlicht.

Mitteleuropa wird zur Hochburg der Mathematik

Vom frühen 16. Jahrhundert an wurden West- und Mitteleuropa – auch wegen der genannten Mathematikbücher – zu einem der wichtigsten Zentren für Mathematik. Das blieb bis etwa ins Jahr 1940 hinein so. Fast jede große mathematische Entdeckung fand ab 1500 in Mitteleuropa statt. Auch die römischen Ziffern hatten nun nicht mehr lange Bestand. Im 16. Jahrhundert wurden sie endgültig durch die sogenannten arabischen Ziffern abgelöst, die schon fast so aussahen wie unsere heutigen. Durch sie konnten komplizierte Rechnungen nun endlich problemlos dargestellt werden.

Die arabischen Ziffern sind nur ganz allmählich nach Mitteleuropa gekommen. Zum einen durch das arabische Volk der Mauren, das bis ins 15. Jahrhundert weite Teile Spaniens eroberte, zum anderen durch die Kreuzzüge vom 11. bis 13. Jahrhundert, die die Kreuzritter auch in Länder außerhalb Europas führten, von wo sie Anregungen verschiedenster Art mitbrachten.

Schon gewusst?

Unsere arabischen Ziffern stammen eigentlich aus Indien. Sie sahen ursprünglich zwar etwas anders aus, wie du an dieser Tabelle hier ganz gut siehst. Aber ihnen lag schon dasselbe Zahlensystem zugrunde, das auch wir heute haben. Und auch die Null war nun erstmals zur Stelle!

٠	١	٢	٣	٤
0	1	2	3	4
٥	٦	٧	٨	٩
5	6	7	8	9

Wissenswert!

Viele wichtige Entdeckungen machten die europäischen Mathematiker im Zusammenhang mit praktischen Anwendungen. In der Kunst brauchte man Mathematik, wenn man sich mit der Perspektive beschäftigte, Geometrie war wichtig, um Karten zu zeichnen, und auch bei der Beobachtung des Weltraums entdeckten die Forscher eine Menge mathematischer Gesetzmäßigkeiten.

➲ „Das Abendmahl" des berühmten Malers und Erfinders Leonardo da Vinci. Das Bild ist ein gutes Beispiel dafür, wie sich ein Künstler mit der Perspektive beschäftigte. Kannst du erkennen, wie sich der Raum nach hinten verengt?

Die Null betritt die Bühne

Wenn es heute um die Ziffern geht, aus denen alle unsere Zahlen zusammengesetzt sind, gehört die Null ganz selbstverständlich dazu. Das war aber nicht immer so. Es gab Zeiten, zu denen die Menschen die Null noch überhaupt nicht kannten.

Aus unserem Alltag ist sie nicht mehr wegzudenken. Auf jedem Zahlenstrahl hat sie ihren festen Platz, auf jedem Taschenrechner ist eine Taste für sie reserviert.

⮥ Auf der Tastatur unserer Taschenrechner ist die Null ganz selbstverständlich mit drauf.

Ein Zeichen für nichts?

Als die Menschen anfingen, sich mit Zahlen und Rechnen zu beschäftigen, kannten sie noch keine Null. Schließlich brauchte man doch keine Zahl für etwas, das es gar nicht gibt, haben sie vielleicht gedacht. Da verwundert es auch nicht, dass man später die Null zunächst dafür einsetzte, besonders große Zahlen darzustellen – genau wie wir heute viele Nullen benötigen, um zum Beispiel 1.000.000 zu schreiben. Wann genau die Null erstmals auftauchte, weiß man übrigens nicht, es war aber vor ungefähr 5000 Jahren.

Schon gewusst?

Ziffern und Zahlen

Mathematik ist eine exakte Wissenschaft, da müssen alle Begriffe genau erklärt sein! Das gilt auch für „Ziffern" und „Zahlen". Diese beiden Begriffe bezeichnen nämlich nicht unbedingt dasselbe. Wir kennen zehn Ziffern, nämlich 0, 1, 2, 3, 4, 5, 6, 7, 8 und 9. Aus diesen Ziffern sind unsere Zahlen zusammengesetzt. Dabei können Zahlen eine oder auch mehrere Ziffern haben. So kann die 3 eine Ziffer oder eine Zahl sein, die 33 ist aber eine Zahl und besteht aus zwei Ziffern.

3

Ziffer / Zahl

33

Zahl, bestehend aus zwei Ziffern

Schon gewusst?

Die Null aus Indien (siehe auch Seite 25) hatte bereits die Funktion unserer heutigen Null: Sie konnte den Wert einer anderen Ziffer verändern, wenn man sie an diese anhängte. So hat 1 zum Beispiel einen geringeren Wert als 10. Dieses System nennt man „Positionssystem". Vielleicht kennst du ja schon den Begriff „Stellenwertsystem". Er bezeichnet dasselbe wie „Positionssystem".

🔊 Hier in Mesopotamien lag das Siedlungsgebiet der Sumerer. Der Landstrich wird auch „Zwei-stromland" genannt, weil er an den beiden großen Flüssen Euphrat und Tigris liegt.

Die Erfindung der Null

Die Erfinder der Null waren die Sumerer, die dort lebten, wo sich heute der Irak befindet. Das Zeichen für die Null bestand zur damaligen Zeit aus zwei schrägen Strichen. Die Sumerer benutzten sie übrigens niemals am Ende einer Zahl, sondern immer nur in ihrer Mitte. Sie hatte also nicht dieselbe Bedeutung wie unsere heutige Null. Daneben entdeckten auch andere Völker die Null: nämlich die Mayas und auch die Babylonier. „Unsere" Null aber stammt aus Indien. Dort gab es ungefähr ab dem 7. Jahrhundert ein Zeichen für die Null, das etwa wie ein Punkt aussah. Später verwendete man dort auch gerne einen Kreis für die Null.

Wissenswert!

Der Begriff „Null", wie wir ihn verwenden, stammt übrigens von dem lateinischen Wort „nullus" ab. Das bedeutet „keiner". Unser Schriftzeichen für die Null kommt wahrscheinlich von dem griechischen Buchstaben „Omikron". Es ist das erste Zeichen im Wort „oudén", das „nichts" bedeutet. Man schreibt es genauso wie unsere heutige Null.

Die Entdeckung von Plus- und Minuszeichen

Eine tolle Sache in der Mathematik ist, dass man Sachverhalte, die man normalerweise mit vielen Worten erklären muss, ganz kurz ausdrücken kann. So schreibt man zum Beispiel statt „Das Ergebnis der Addition von 2 und 5 lautet 7" kurz „2 + 5 = 7". Aber das war nicht immer so.

Händler mussten viel rechnen

Als die Menschen anfingen zu rechnen, gab es Plus- oder Minuszeichen noch nicht. Damals hat man die entsprechenden Wörter noch einfach aufgeschrieben. Es hieß damals also „7 plus 4" oder „18 minus 5". Im 15. Jahrhundert änderte sich das dann aber. Die Händler konnten in dieser Zeit immer mehr Geschäfte machen und mussten deshalb immer mehr und auch schneller rechnen. Da wurde es natürlich irgendwann zu mühsam, immer „plus" und „minus" zu schreiben.

⮑ Tuchhändler auf einem Markt in der frühen Neuzeit: Mit dem Rechenzeichen + konnte man die einzelnen Beträge viel schneller zusammenrechnen.

Mein Experiment:

Wenn du wissen willst, wie umständlich es früher war, Rechenaufgaben aufzuschreiben, kannst du einmal einen kleinen Versuch machen: Notiere zehn Plus- und Minusaufgaben auf einen Zettel und stoppe die Zeit, die du dazu benötigst. Anschließend ersetzt du die Plus- und Minuszeichen durch die Wörter „plus" und „minus" und siehst dabei wieder auf die Uhr. Du wirst merken, dass das viel länger dauert und auch viel unübersichtlicher ist.

Vom Buchstaben zum Zeichen

Als erste Erleichterung schrieben viele Händler nur noch die Buchstaben p und m. Damit sie erkennen konnten, dass es sich bei diesen Buchstaben um Rechenoperatoren (so nennt man plus und minus auch) handelt, machten sie einen Querstrich darüber. Später blieb nur noch der Querstrich übrig, das Minuszeichen war erfunden. Um das Pluszeichen davon zu unterscheiden, fügte man hier einfach noch einen senkrechten Strich hinzu.

Diese beiden Symbole tauchten zum ersten Mal im Jahr 1481 in einer Dresdener Handschrift auf. In einem gedruckten Buch konnte man sie erstmals 1489 bewundern. Es dauerte aber etwa hundert Jahre, bis nur noch diese praktischen Symbole Verwendung fanden.

Mein Experiment:

Dem Pluszeichen begegnest du relativ oft im Alltag. Meist handelt es sich dabei aber um das Symbol des Kreuzes, das einfach dieselbe Form hat. Überlege einmal, welche anderen Rechenzeichen dir außerhalb deines Mathebuchs begegnen.

↺ Pluszeichen oder Kreuz? Das Deutsche Rote Kreuz beteiligt sich am Katastrophenschutz, betreibt Krankenhäuser und hilft in vielen anderen Notfällen.

↻ Ein weißes Kreuz auf rotem Grund: die Flagge der Schweiz

Wissenswert!

Das Buch, in dem die neuen Plus- und Minuszeichen zum ersten Mal auftauchten, heißt „Behende und hubsche Rechnung auff allen Kauffmannschafft" und war so etwas wie eine Rechenanleitung für Kaufleute. Geschrieben wurde es von Johann Widman (1460 – Todesdatum unbekannt), einem deutschen Mathematiker.

Pythagoras

Der griechische Philosoph und Mathematiker Pythagoras wurde etwa 570 vor Christus auf der Insel Samos geboren und lebte bis ungefähr 510 vor Christus. Im Verlauf seines Lebens reiste er zu vielen Gelehrten in ferne Länder, um von ihnen zu lernen. Auf diese Weise wurde er nach und nach selbst zu einem bekannten Gelehrten.

Die Reisen des Pythagoras

Im Alter von 18 Jahren verließ Pythagoras seine Heimatinsel und reiste zu den Gelehrten Thales und Anaximandros nach Milet. Das ist eine Stadt, die in der heutigen Türkei liegt. Später reiste er weiter bis nach Ägypten, um die Priester in den Städten Memphis und Diospolis zu besuchen und von ihnen vor allem Sternenkunde und Geometrie zu lernen. Pythagoras blieb schließlich 22 Jahre in Ägypten. Dann wurde er gefangen genommen und nach Babylon gebracht. Dort blieb er weitere 12 Jahre und studierte die babylonische Zahlenlehre, bevor er endlich wieder nach Samos zurückkehrte.

Wissenswert!

Wenn in der Mathematik von einem „Satz" die Rede ist, geht es um etwas ganz anderes, als um die Sätze, die du vor allem im Deutschunterricht aufschreibst. In der Mathematik ist ein Satz eine Aussage, die man beweisen kann. Damit eine solche Aussage ein „Satz" wird, muss sie aber sehr bedeutend und wichtig sein.

Die Schule des Pythagoras

Während seiner ganzen Reisen fand Pythagoras auch noch Zeit, eine eigene Schule zu gründen, den sogenannten pythagoreischen Bund. Sie hatte nicht viel mit den heutigen Schulen gemeinsam, sondern war eher so etwas wie eine religiöse Sekte, die sich auch mit Politik und Wissenschaft beschäftigte. Das fanden die Machthaber nicht besonders gut und so wurden ihre Mitglieder manchmal sogar von ihnen verfolgt und mussten sich verstecken.

Der Satz des Pythagoras

Heutzutage ist Pythagoras aber nicht so sehr wegen seiner politischen, sondern wegen seiner mathematischen Ideen berühmt. Seine bekannteste mathematische Idee wird „Satz des Pythagoras" genannt. Er beschäftigt sich mit den Eigenschaften von ganz besonderen Dreiecken, die auch „rechtwinklige Dreiecke" heißen. Mithilfe dieses Satzes kann man viele Dinge – vor allem in der Geometrie – ganz einfach ausrechnen.

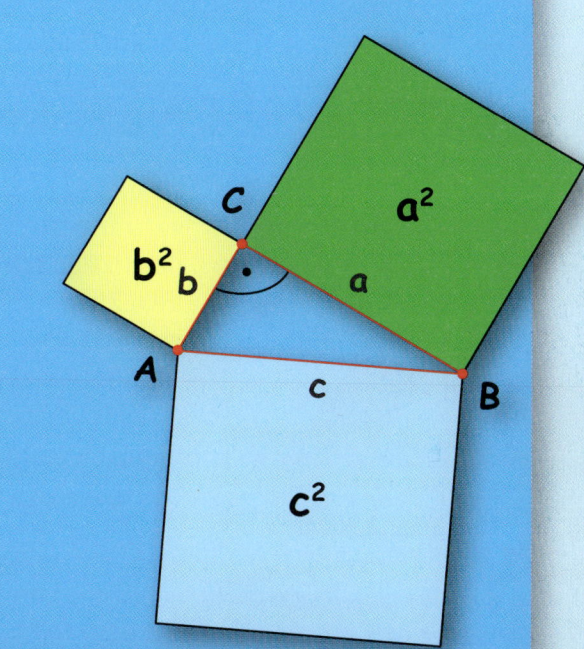

Wissenswert!

Was bedeutet eigentlich „rechtwinklig"? Hier steckt das Wort „Winkel" drin: Ein Dreieck hat drei Winkel. Zwischen jeder Seite liegt ein solcher Winkel. Wenn einer von ihnen 90 Grad groß ist, dann nennt man das Dreieck „rechtwinklig". Pythagoras hat bewiesen: In einem solchen besonderen Dreieck gilt der Satz: $a^2 + b^2 = c^2$. Was das bedeutet, zeigt dir die Zeichnung oben: Über jeder Seite eines Dreiecks lässt sich ein Quadrat bilden und seine Fläche berechnen. Nur beim rechtwinkligen Dreieck ist die Fläche von Quadrat c^2 (hellblau) genauso groß wie die Fläche von Quadrat a^2 (grün) plus die Fläche von Quadrat b^2 (gelb). Wenn du genau hinschaust, siehst du, dass Quadrat c^2 genau gegenüber dem rechten Winkel liegt.

Die Entdeckung von Mal- und Geteiltzeichen

Vielleicht konntest du schon ein wenig rechnen, bevor du in die erste Klasse gekommen bist. Wenn das so war, hast du bestimmt im Kopf gerechnet und die Rechnungen nicht aufgeschrieben. So ähnlich war es auch in den Anfängen der Mathematik. Man rechnete Dinge aus, schrieb die Rechnungen aber meistens nicht auf. Deshalb entwickelten sich die Rechenzeichen erst nach und nach.

Das Andreaskreuz

Eines der ältesten Schriftstücke, in denen ein Zeichen für die Multiplikation zu finden ist, stammt aus dem Jahr 1618. Wer genau es geschrieben hat, weiß man heute nicht mehr. Das Multiplikationszeichen in diesem Buch nennt man Andreaskreuz, denn es sieht so aus wie ein „gedrehtes" Kreuz, ein Kreuz mit zwei diagonal verlaufenden Balken. In der Zeit davor verwendete man das „x" auch, aber es konnte für alle möglichen Rechenoperationen stehen. Man musste schon aus dem Zusammenhang der Rechnung selbst herausfinden, was gemeint war.

↻ Hier musst du mit einem Zug rechnen: Das Andreaskreuz weist dich heute auf einen Bahnübergang hin.

Schon gewusst?

Das Andreaskreuz ist nach dem Apostel Andreas benannt, der an einem solchen Diagonalkreuz als Märtyrer gestorben sein soll.

Wissenswert!

Manchmal findest du auch heute noch einen Stern (*) als Multiplikationszeichen. Das ist zum Beispiel bei einigen Computersprachen der Fall. Dieses Zeichen ist auch schon uralt. Es wurde 1659 von Johann Rahn (1622–1676) zum ersten Mal in seinem Buch „Teutsche Algebra" verwendet.

Der Malpunkt

Das Multiplikationszeichen, wie du es kennst, also der Punkt, ist auch schon ziemlich alt. Er wurde zum ersten Mal 1698 von dem berühmten Mathematiker Gottfried Wilhelm Leibniz (1646–1716) aufgeschrieben.

$$3 \cdot 3 = 9$$

Geschichte des Divisionszeichens

Auch beim Divisionszeichen hatte Leibniz seine Finger im Spiel. Genau wie der Punkt für die Multiplikation, erscheint der Doppelpunkt für die Division zum ersten Mal 1698 bei ihm. Noch älter als der Doppelpunkt ist der Schrägstrich (/) für die Division. Er ist bereits 1631 in einem Buch des englischen Mathematikers William Oughtred (1574–1660) zu finden. Deshalb nennt man ihn auch englisches Divisionszeichen. Auch dieses Zeichen wird heute noch manchmal verwendet. Ein weiteres wichtiges Divisionssymbol ist natürlich der Bruchstrich. Ihn kann man auf zwei Arten schreiben, entweder als Schrägstrich (dann heißt es ½) oder als waagerechten Strich: $\frac{1}{2}$.

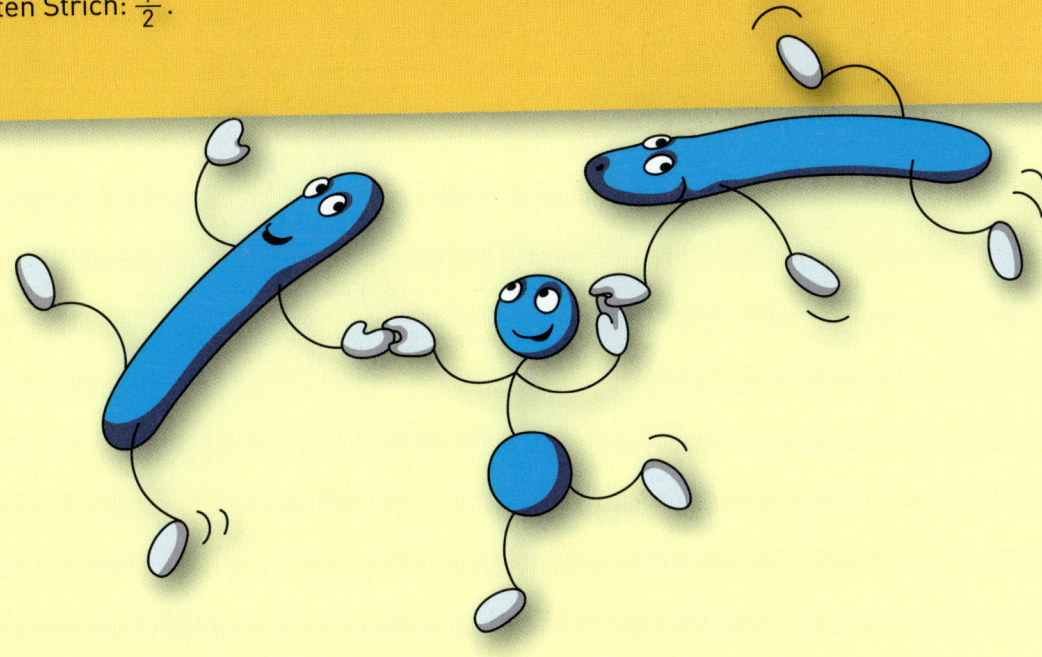

$$9 : 3 = 3 \qquad \frac{9}{3} = 3 \qquad \frac{9}{3} = 3$$

Die Geschichte des Gleichheitszeichens

Hast du schon einmal versucht, dir vorzustellen, was die Mathematik ohne Gleichheitszeichen wäre? Man könnte keine einzige vernünftige Rechnung aufschreiben, wenn man es nicht hätte. Im Gegensatz zu den Rechenzeichen (Plus-, Minus-, Mal- und Geteiltzeichen) braucht man das Gleichheitszeichen immer. Es ist also auf jeden Fall eines der wichtigsten Zeichen überhaupt.

Lateinische Wörter

Als die Menschen anfingen, Rechnungen aufzuschreiben, gab es noch gar kein Gleichheitszeichen. An seiner Stelle stand eines der folgenden lateinischen Wörter: Entweder benutzte man „aequalis" (das heißt „gleich") oder man schrieb „faciunt" (das heißt „ergibt"). Natürlich war das ganz schön umständlich, wenn man viele Rechnungen aufschreiben wollte. Deshalb hat man an den Universitäten im Mittelalter eine Abkürzung erfunden – das Zeichen æ.

Wenn du dir das æ genau anschaust, wirst du merken, dass es aus einem kleinen a und einem kleinen e besteht, also die Abkürzung für „aequalis" sein soll. Wenn man dieses Zeichen ganz oft und ganz schnell schreibt, kommt man zu einem neuen Symbol, das wenig später verwendet wurde. Es sieht ein wenig wie ein kleiner Fisch aus.

Eine ganz neue Idee aus England

Das Gleichheitszeichen, so wie du es heute kennst, hat nichts mit lateinischen Wörtern zu tun. Es wurde von dem englischen Mathematiker Robert Recorde (1510–1558) erfunden. Er verwendete es zum ersten Mal 1557 in einem Mathebuch mit dem Titel „The whetstone of witte".

$$1 + 1 = 2$$

🎧 Robert Recorde ist der Vater des modernen Gleichheitszeichens.

Wissenswert!

Robert Recorde hat sich bei der Erfindung des Gleichheitszeichens einige Gedanken gemacht. Er schrieb in seinem Buch, er wolle dieses Symbol – also die beiden parallelen und gleich langen Striche – verwenden, weil zwei so angeordnete, gleich lange Striche der Inbegriff von Gleichheit sind und sich daher wunderbar als mathematisches Zeichen für Gleichheit eignen.

Das neue Zeichen setzt sich nur langsam durch

Obwohl das neue Gleichheitszeichen ganz einfach und schnell zu schreiben war, dauerte es noch ziemlich lange, bis sich alle Menschen daran gewöhnt hatten und es verwendeten. In England ging es etwas schneller als im restlichen Europa. Dort schrieb man dieses Zeichen etwa ab dem Jahr 1630, hierzulande dauerte es noch fast 100 Jahre, bis die beiden Striche von allen benutzt wurden.

Was ist eigentlich eine natürliche Zahl?

Schon im ersten Kapitel wurde deutlich, wie wichtig Zahlen für das alltägliche Leben sind. Deshalb haben fast alle Völker sehr bald Zahlen erfunden – in erster Linie, um besser Handel treiben zu können. Die Mathematik beschäftigte sich dann genauer mit diesen Zahlen.

↻ Auch im Sport muss man zählen können – und das nicht nur bei der Mannschaftseinteilung!

Zahlen mit unterschiedlichen Eigenschaften

Für die Mathematik sind Zahlen nicht gleich Zahlen. Sie kennt nämlich ganz unterschiedliche Arten von Zahlen, die alle verschiedene Eigenschaften besitzen. Du benutzt auch in deinem alltäglichen Leben verschiedene Zahlenarten, ohne lange darüber nachdenken zu müssen, welcher Gruppe man sie zuordnen könnte. Da sind die Mathematiker natürlich ganz anders. Sie machen sich viele Gedanken über Zahlen und ihre Eigenschaften – und das kann ganz schön spannend sein, wie du bald feststellen wirst.

Wissenswert!

Unter den natürlichen Zahlen gibt es welche, die besondere Namen haben: gerade Zahlen, ungerade Zahlen und Primzahlen. Gerade Zahlen kann man ohne Rest durch 2 teilen, mit ungeraden Zahlen geht das nicht. Primzahlen sind Zahlen, die du nur durch 1 und sich selber teilen kannst – die 3 etwa oder die 7 oder auch 101.

↪ Die Arbeit mit Zahlen erfordert erhöhte Konzentration; wenn man ein kniffliges Problem gelöst hat, kann das ganz schön glücklich machen.

Zahlen zum Zählen

Natürliche Zahlen haben selbstverständlich nichts mit Natur und frischer Luft zu tun, sondern es sind diejenigen Zahlen, die dir im Alltag am häufigsten begegnen. Denn immer dann, wenn du etwas abzählst, verwendest du natürliche Zahlen. Die Zahlen 1, 2, 3, 4 usw. werden so genannt. Brüche wie $\frac{1}{2}$ oder Zahlen mit Komma wie 1,5 oder 1,99 € sind dagegen keine natürlichen Zahlen. So gesehen haben natürliche Zahlen doch etwas mit der Natur zu tun – es sind nämlich die ursprünglichsten und reinsten Zahlen, die nicht durch ein Komma oder anderes Beiwerk aufgepeppt wurden.

Natürliche Zahlen – so rein und unbehandelt wie Blumen auf einer Gebirgswiese?

Das Problem mit der Null

In der Mathematik spricht man von der Menge der natürlichen Zahlen. Diese Menge wird mit dem Buchstaben $\mathbb{N}$ bezeichnet. Man schreibt dann auch $\mathbb{N} = \{1, 2, 3, \ldots\}$. Vielleicht fragst du dich jetzt, was denn mit der Zahl Null ist. Das ist eine gute Frage, über die sich die Mathematiker lange Zeit gestritten haben. Die einen haben gesagt, die Null sei gar keine natürliche Zahl, die anderen meinten, die Null gehöre doch dazu.

Der Streit darüber, ob die Null zu den natürlichen Zahlen gehört oder nicht, hat eine lange Tradition.

Wissenswert!

Es ist am besten, wenn man immer angibt, ob die Null dazugehört oder nicht. Soll die Null dazugehören, schreibt man oft auch $\mathbb{N}_0$. Um anzuzeigen, dass die Null nicht dazugehört, schreibt man oft $\mathbb{N}^+$.

So werden natürliche Zahlen dargestellt

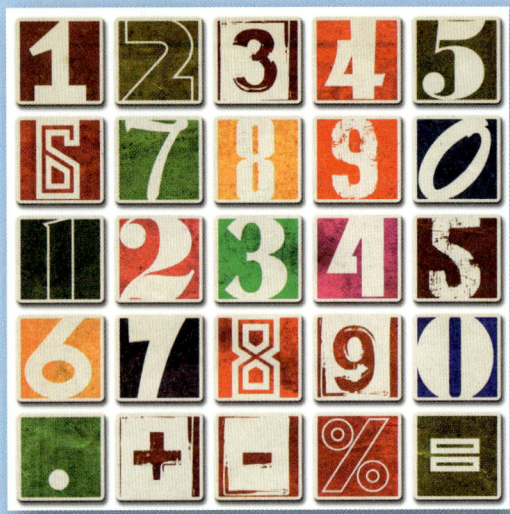

Natürliche Zahlen tauchen im Alltag immer wieder auf. Du findest sie an allen möglichen Orten und zu vielen verschiedenen Gelegenheiten. Wenn man sich diese Vielfalt einmal durch den Kopf gehen lässt, wundert es gar nicht mehr, dass sie auch in unterschiedlichen Darstellungen erscheinen.

Zahlen als Wörter

Die gebräuchlichste Darstellung der natürlichen Zahlen ist sicherlich, sie ganz einfach als Ziffern aufzuschreiben, also 1 oder 15 oder 7439. Aber es geht natürlich auch anders. Du kannst Zahlen zum Beispiel ebenso als Wörter schreiben. Das sieht dann so aus: eins, sieben, zwölf. Diese Darstellung findet man besonders häufig in geschriebenen Texten. Sie funktioniert aber nur bei kleinen Zahlen wirklich gut. Wenn du eine große Zahl als Wort schreibst, wird es leicht unübersichtlich. „Siebzehntausendsechshundert-

fünfundfünfzig" ist viel schwieriger zu lesen als 17655. Darüber hinaus brauchst du ziemlich lange, bis du das „Zahlenmonstrum" endlich aufgeschrieben hast.

➲ Die Ziffernschreibweise spart einfach Zeit!

Große Zahlen schreiben

Die Schreibweise mit Ziffern macht das Leben mit großen Zahlen also schon viel einfacher. Aber bei vielen Ziffern kann man trotzdem durcheinandergeraten. Deshalb trennt man oft Ziffernblöcke mit Punkten ab. Dabei zählt man von rechts nach links und setzt nach allen drei Ziffern einen Punkt. Man schreibt also 17.655 oder auch 1.255.482. Anstelle des Punktes kann man auch eine Leerstelle setzen. Dann sehen die Zahlen so aus: 17 655 beziehungsweise 1 255 482.

🎧 **Juhu,** als Potenz geschrieben, fühle ich mich gleich viel leichter.

Richtig große Zahlen

Aber auch diese Schreibweise stößt irgendwann an ihre Grenzen, nämlich bei richtig großen Zahlen. Dann werden selbst die „Dreierpäckchen" irgendwann einmal verwirrend oder nehmen zu viel Platz weg. Nimm beispielsweise die Zahl 1 Billion. Sie sieht so aus: 1.000.000.000.000 – eine Eins mit zwölf Nullen. Bei den vielen Nullen kann man sich schnell einmal verzählen – und schon stimmt vielleicht die ganze Rechnung nicht mehr. Deshalb hat man sich eine weitere Schreibweise ausgedacht: 10^{12} (man sagt dann: „zehn hoch zwölf").

Wissenswert!

Man kann natürliche Zahlen auch in einem Diagramm darstellen. Dann stehen zum Beispiel verschieden lange Balken für die unterschiedlichen Zahlen. Diese Darstellung verwendet man gern, wenn es gilt, verschiedene Zahlen miteinander zu vergleichen – zum Beispiel die Anzahl der Schüler in unterschiedlichen Schulen.

⮑ Die Zahlenskala auf der linken Seite zeigt dir, für welche Zahl ein Balken steht: Wo ein blauer Balken endet, denkst du dir eine waagerechte Linie nach links und liest die Zahl einfach ab.

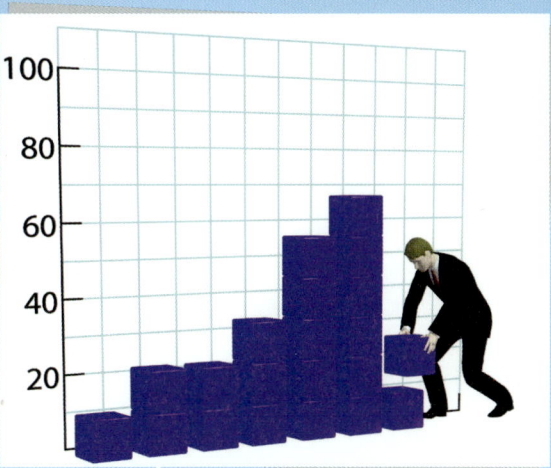

Von Ordinalzahlen und Kardinalzahlen

Dass es gerade und ungerade Zahlen gibt, also solche Zahlen, die man durch zwei teilen kann, und solche, bei denen das nicht geht, weißt du schon. Dies ist eine ganz grundlegende Unterscheidung innerhalb der Menge der natürlichen Zahlen. Bei den natürlichen Zahlen werden aber noch mehr Unterscheidungen getroffen, wie beispielsweise diejenige in Ordinalzahlen und Kardinalzahlen.

🎧 **Drei** Rennfahrer: Welcher fährt als **Erster** durchs Ziel?

Ordinalzahlen geben die Platzierung an

Ganz allgemein gesprochen, dienen Ordinalzahlen dazu, ein bestimmtes Element in einer Menge zu benennen. Was jetzt vielleicht etwas kompliziert klingt, wird ganz einfach, wenn du dir ein Beispiel ansiehst. Der 1. April benennt den ersten Tag in der Menge aller Tage im April. „1." ist dabei die Ordinalzahl. Du erkennst sie an dem Punkt hinter der Zahl. Eine weitere Ordinalzahl findest du in der Wendung „der 2. Platz". Du kannst eine Ordinalzahl auch als Wort schreiben, also: Peter geht in die *achte* Klasse.

Mein Experiment:

Überleg dir immer dann, wenn du eine Zahl liest oder hörst, ob es sich um eine Ordinal- oder um eine Kardinalzahl handelt. Du wirst merken, dass der Unterschied mit ein wenig Übung ganz schnell herauszufinden ist.

➲ Alles Gute zum siebten Geburtstag! Ordinalzahl oder Kardinalzahl? Wie würdest du die Zahl als Ziffer schreiben?

Wissenswert!

Man spricht auch im Deutschunterricht manchmal von Kardinalzahlen. Dann meint man aber die Zahlwörter, also: eins, zwei, drei, ... oder auch siebenhundert. Ziffern sind hier nicht gemeint.

Bei der Unterscheidung von Ordinalzahlen und Kardinalzahlen geht es nicht um verschiedene Arten von Zahlen (wie bei geraden oder ungeraden Zahlen), sondern um ihren unterschiedlichen Gebrauch.

2012
APRIL
1
Sonntag

↻ Ordinalzahlen im Alltag: der Kalender. Hier ist zwar kein Punkt hinter der Eins. Trotzdem sagt man: der erste April. Und das ist kein Aprilscherz!

Kardinalzahlen geben die Menge an

Während Ordinalzahlen also die Position einer Zahl in einer Menge benennen, verwendet man Kardinalzahlen, um die Größe einer Menge zu beschreiben. 30 ist demnach die Kardinalzahl, die die Menge der Tage im April benennt. Auch in der Aussage „In der Schlange vor mir stehen 30 Personen" ist 30 eine Kardinalzahl. Hier geht es dann also um die Menge der Menschen, die in der Schlange vor dir stehen. Sagst du aber „Ich bin der 34. Mensch in der Schlange", ist 34. eine Ordinalzahl. Sie ist ja auch wieder mit einem Punkt versehen.

4.

12

Thales

Der griechische Mathematiker, Astronom und Philosoph Thales wurde im Jahr 624 vor Christus in der Hafenstadt Milet geboren – deshalb erscheint er oft unter dem Namen Thales von Milet. Er gilt als einer der bedeutendsten Wissenschaftler und Denker seiner Zeit. Thales starb 546 vor Christus. Er wurde also 78 Jahre alt.

Berühmt wurde Thales durch die Astronomie. Er sagte nämlich für das Jahr 585 vor Christus eine Sonnenfinsternis richtig voraus. Bei einer Sonnenfinsternis wird für kurze Zeit die Sonne durch den Mond ganz oder teilweise verdeckt, sodass es mitten am Tag für ein paar Minuten dunkel ist. Benutzt hatte Thales für seine Vorhersage alte babylonische Berechnungen.

🎧 Thales – ein stattlicher Mann und großer Denker

Multi-Kulti-Heimat

Als Thales lebte, war seine Heimatstadt Milet eine wichtige Hafenstadt. Das bedeutet auch, dass dort viele Menschen aus den unterschiedlichsten Ländern vorbeikamen, um Handel zu treiben. Manche von ihnen blieben für längere Zeit in der Stadt und sorgten so dafür, dass die Einwohner von Milet davon erfuhren, was die Menschen anderswo dachten und wussten. Heutzutage würde man Milet als eine multikulturelle Stadt bezeichnen.

↻ Römisches Theater von Milet.

🎧 Ein seltenes Ereignis: die Sonnenfinsternis. Der Mond verdeckt die Sonne, weil er sich zwischen Erde und Sonne schiebt.

🎧 In Lydien beschäftigte sich Thales mit der Sternenkunde.

Thales in Ägypten und Lydien

Auch Thales hörte von den fernen Ländern und erfuhr davon, was man dort leistete. Zum Beispiel hörte er von den Pyramiden in Ägypten. Als er davon erfuhr, beschloss der Gelehrte, nach Ägypten zu reisen, sich die Pyramiden anzusehen und von den ägyptischen Gelehrten zu lernen. In Ägypten erfuhr er einiges über Geometrie. Danach zog es ihn nach Lydien, das dort lag, wo heute die Türkei ist. Dort beschäftigte sich Thales mit der Sternenkunde.

Thales' Mathematik

Thales hat von seinen Reisen das mathematische Wissen der alten Babylonier und Ägypter mit nach Milet gebracht. Allerdings begnügte er sich nicht damit, dieses Wissen aufzuschreiben und an seine Schüler weiterzugeben, er machte sich auch eigene Gedanken dazu.

Besonders berühmt sind der sogenannte Thaleskreis und der „Satz des Thales". Im Letzteren heißt es: Man zeichnet zuerst ein Dreieck in einen Kreis, und zwar so, dass eine Seite des Dreiecks genau der Durchmesser des Kreises ist und die beiden anderen Seiten sich an der Kreislinie treffen. Der Winkel zwischen den beiden Seiten, die sich auf der Kreislinie treffen, muss – so fand Thales heraus – immer genau 90° betragen.

Außerdem hat Thales noch weitere Eigenschaften des Dreiecks herausgefunden. Er hat sich unter anderem damit beschäftigt, die Höhe von Pyramiden mithilfe ihres Schattens zu berechnen.

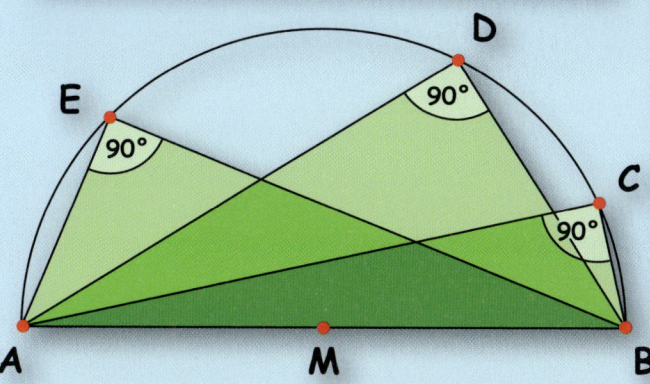

🎧 Thaleskreis mit rechtwinkligen Dreiecken

Rechnen mit natürlichen Zahlen

Zahlen sind ja schön und gut, aber mit ihnen allein lässt sich nicht allzu viel anfangen. Damit der Spaß losgehen kann, braucht man noch ein paar weitere Zutaten – nämlich Regeln darüber, was man alles mit Zahlen anstellen kann und wie das genau geht. Zu den grundlegenden Regeln zählen die vier Grundrechenarten Addition, Subtraktion, Multiplikation und Division. Wenn wir mit natürlichen Zahlen rechnen, muss das Ergebnis allerdings nicht immer ebenfalls eine natürliche Zahl sein. Das wirst du bei der Subtraktion und der Division gleich sehen.

↻ Anfangs sind die Finger ein wichtiges Hilfsmittel beim Rechnen. Doch auch diese einfache Aufgabe folgt den Regeln der Addition.

Grundrechenarten

Die vier Grundrechenarten tragen diesen Namen durchaus zu Recht, denn ohne sie würde in der Mathematik nicht viel laufen. Auch komplizierte Berechnungen gäbe es überhaupt nicht, wenn man die Grundrechenarten nicht kennen würde.

⇨ Kaum zu glauben: Alles, was Computer leisten, beruht letztlich auf der Addition.

Die Addition

Die Addition ist ein Rechenvorgang, der auf dem Zählen aufbaut. Deshalb spricht man oft auch von „zusammenzählen", wenn es um die Addition geht. Ein Beispiel zeigt, wieso das so ist. Nimm die Rechenaufgabe 2 + 3 = 5. Man könnte sie auch so formulieren: „Zähle zunächst bis 2 und zähle dann noch drei Schritte weiter. Dann landest du bei der 5." Die Zahlen, die du addierst, werden Summanden genannt, das Ergebnis der Addition heißt Summe.

Regeln bei der Addition

Für die Addition gelten einige einfache Regeln: Es ist egal, in welcher Reihenfolge du die Summanden addierst. Wenn du eine Null zu einer anderen Zahl addierst, ist das Ergebnis so groß wie die andere Zahl. Wenn du zwei natürliche Zahlen addierst, ist das Ergebnis immer auch eine natürliche Zahl.

⮑ Als erste Grundrechenart lernen wir in der Schule die Addition.

Die Subtraktion

Genau das Gegenteil von der Addition ist die Subtraktion. Hier werden die einzelnen Bestandteile nicht zusammengezählt, sondern voneinander abgezogen. Auch heißen die Bestandteile einer Subtraktion anders. Die Zahl, von der eine andere Zahl abgezogen wird, nennt man Minuend. Die Zahl, die abgezogen wird, heißt Subtrahend und das Ergebnis der Rechnung trägt den Namen Differenz.

Regeln für die Subtraktion

Bei der Subtraktion ist es nicht egal, in welcher Reihenfolge die einzelnen Bestandteile der Rechnung stehen. 5 – 4 liefert nämlich ein ganz anderes Ergebnis als 4 – 5. Aus der Schule kennst du vielleicht die Regel „Vier minus fünf geht nicht!". Daran kannst du dich auch halten, weil du bisher wahrscheinlich nur mit natürlichen Zahlen gerechnet hast. Streng genommen gilt aber für die Subtraktion: Wenn du zwei natürliche Zahlen subtrahierst, ist das Ergebnis nicht immer auch eine natürliche Zahl. Das Ergebnis von 4 – 5 zum Beispiel ist keine natürliche Zahl, denn es ist eine sogenannte negative Zahl: nämlich –1. Über diese besondere Art von Zahlen kannst du dich auf den Seiten 58 und 59 genauer informieren.

Wissenswert!

Vor allem dann, wenn du zwei größere Zahlen addieren oder voneinander subtrahieren möchtest, kannst du das schriftlich machen. Dazu schreibst du die Zahlen untereinander auf – und zwar Einer unter Einer, Zehner unter Zehner usw. Dann addierst bzw. subtrahierst du jeweils die Einer, Zehner usw. und schreibst das Ergebnis auf.

Die Multiplikation

Die Multiplikation ist ein Rechenverfahren, das man auf die Addition zurückführen kann. Schließlich ist $5 \cdot 4$ nichts anderes als $4 + 4 + 4 + 4 + 4$. Beide Rechnungen haben als Ergebnis die Zahl 20. Die Zahlen, die du miteinander multiplizierst, nennt man Faktoren, das Ergebnis dieser Rechnung heißt Produkt.

➲ Die Multiplikation erleichtert das Geldzählen. Mache Münzstapel vom gleichen Wert und multipliziere diese.

Regeln für die Multiplikation

Auch für die Multiplikation gibt es ein paar einfache Regeln: Die Reihenfolge, in der du verschiedene Faktoren miteinander multiplizierst, ist egal. Wenn du einen Faktor mit null multiplizierst, wird das Ergebnis der Rechnung automatisch immer null. Wenn man mehrere natürliche Zahlen miteinander multipliziert, ist das Ergebnis auch immer wieder eine natürliche Zahl.

$$6 \cdot 11 = 11 \cdot 6$$

↻ Die Null setzt sich durch!

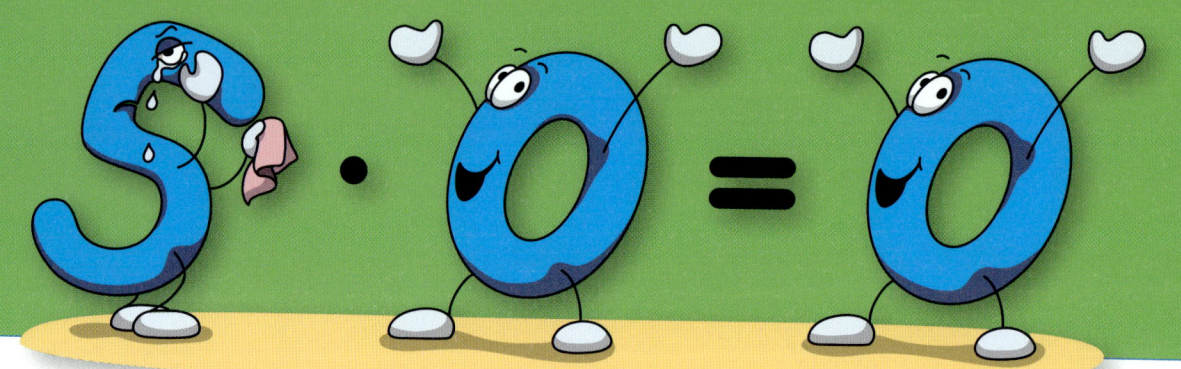

Die Division

Die Division ist die unbeliebteste Grundrechenart. Sie ist genau die umgekehrte Rechnung zur Multiplikation. Bei ihr geht es darum, eine Zahl in gleiche Bestandteile aufzuteilen. $18 : 6 = 3$ bedeutet also: Die 6 passt genau 3-mal in die 18. In diesem Fall nennt man die 18 Dividend, die 6 heißt Divisor. Der gesamte Ausdruck $18 : 6$ wird Quotient genannt.

Schon gewusst?

Du kannst die Rechnung $18 : 6 = 3$ auch anders schreiben, nämlich so: $\frac{18}{6} = 3$. Diese Schreibweise nennt man Bruchschreibweise. Wenn du mit mehreren Brüchen rechnest, spricht man von Bruchrechnung.

↻ Eine in der Mitte geteilte Orange wird zu zwei gleich großen Orangenhälften. Es gilt: $1 = \frac{2}{2}$.

Mein Experiment:

Brüche im Alltag: Da haben wir den Salat!

1 Salatkopf	½ Gurke	½ Teelöffel Salz	etwas Pfeffer
4 Tomaten	½ Zwiebel	½ Teelöffel (TL)	Olivenöl
½ Feta-Käse	½ Zitrone	Oregano	

Halbieren ist nun kein Problem mehr für dich: Du teilst die ganze Zwiebel in zwei gleich große Hälften. Mathematisch ausgedrückt: $1 : 2 = \frac{1}{2}$
Was aber machst du mit den Tomaten? Gibst du sie ganz in den Salat?
Du kannst eine Tomate in vier gleich große Teile schneiden.
Man sagt „vierteln" dazu. Mathematisch ausgedrückt: $1 : 4 = \frac{1}{4}$
Aus einer Tomate kannst du 4 Viertel schneiden: $1 = \frac{4}{4}$
Aus 4 Tomaten kannst du 16 Viertel schneiden: $4 \cdot \frac{4}{4} = \frac{16}{4}$

Regeln für die Division

Bei der Division darfst du Dividend und Divisor nicht einfach vertauschen. Außerdem ist es sinnlos, also verboten, eine Zahl durch null zu teilen. Wenn du zwei natürliche Zahlen dividierst, muss das Ergebnis nicht unbedingt eine natürliche Zahl sein, denn es kann auch eine Kommazahl dabei herauskommen: $5 : 2 = 2,5$. Du befindest dich dann im Bereich der rationalen Zahlen, über den du dich auf den Seiten 64 und 65 informieren kannst.

Quadratzahlen

Innerhalb der natürlichen Zahlen gibt es eine Gruppe von Zahlen mit ganz besonderen Eigenschaften. Die Eigenschaften der geraden und ungeraden Zahlen kennst du bereits. Aber was mag die Besonderheit sein, die die Zahlen 1, 4, 9 und 16 gemeinsam haben?

⮕ Das Quadrat ist schon eine ganz besondere Form. Seine vier Seiten sind gleich lang und alle vier Winkel gleich groß: 90 Grad. Hier bilden viele kleine Quadrate ein großes.

Einfache Rechenregel

1, 4, 9, und 16 sind die ersten vier Quadratzahlen. Die Gesetzmäßigkeit, die dieser Zahlmenge zugrunde liegt, ist ganz einfach. Wenn du eine Zahl mit sich selbst multiplizierst, erhältst du eine Quadratzahl. Es gilt:

$1 \cdot 1 = 1;\ 2 \cdot 2 = 4;\ 3 \cdot 3 = 9;\ 4 \cdot 4 = 16$

Nun hast du gesehen, wie man die ersten vier Quadratzahlen errechnen kann. Diese Reihe lässt sich jetzt beliebig weit fortsetzen, denn es gibt zu jeder natürlichen Zahl immer genau eine Quadratzahl. Die Quadratzahlen sind also ein Beispiel für die Unendlichkeit (siehe Seiten 54/55)

♁ Die ersten Quadratzahlen kann man sich kinderleicht merken.

Mein Experiment:

Versuche einmal, aus mehreren 1-Cent-Münzen (du kannst auch andere Gegenstände ähnlicher Größe nehmen) unterschiedlich große Quadrate zu legen. Quadrate sind Vierecke, deren vier Seiten gleich lang sind. Das funktioniert mit einem Geldstück (oder Bauklotz), auch mit 4 oder mit 9 (hier ist jede Seite 3 Geldstücke lang), dann erst wieder mit 16 und so weiter ...

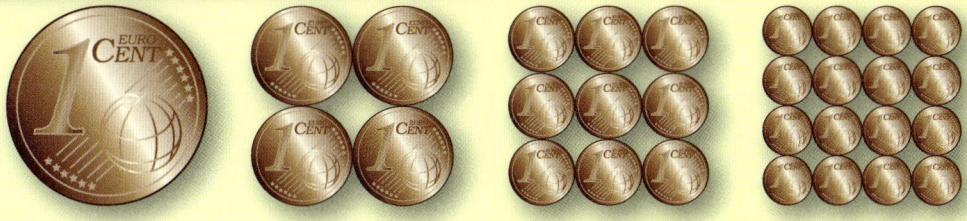

🎧 Nun weißt du, woher die Quadratzahlen ihren Namen haben.

Quadratzahlen als Summen

Man muss Quadratzahlen nicht unbedingt als Produkt zweier gleicher Zahlen schreiben, man kann auch die Summe dafür verwenden. Und zwar muss man dafür immer die ersten ungeraden Zahlen zusammenzählen: Bei der 1 im Quadrat ist das nur die 1. Bei der 2 im Quadrat braucht man zwei Zahlen – nämlich die 1 und die 3. Bei der 3 im Quadrat muss man die 1, die 3 und die 5 zusammenzählen. Du siehst, je größer die Zahlen werden, desto länger wird die Rechnung. Für die ersten 4 Quadratzahlen sieht die Summe so aus:

$1^2 = 1$
$2^2 = 1 + 3 = 4$
$3^2 = 1 + 3 + 5 = 9$
$4^2 = 1 + 3 + 5 + 7 = 16$

Daran kannst du schon sehen, wie praktisch die kurze Schreibweise der Quadratzahlen ist.

🎧 Stellt man Quadratzahlen als Summe dar, dann sind die roten Ziffern jeweils die Summanden.

Wissenswert!

Du kannst mit Quadratzahlen deine Klassenkameraden verblüffen. Es gibt einen Trick, um die Quadratzahlen von Fünferzahlen (also 15, 25, 35 usw.) ganz schnell auszurechnen: Du streichst zunächst die Fünferstelle ganz hinten weg und nimmst nur die übrig gebliebene Zahl (bei der 45 wäre das die 4). Diese Zahl multiplizierst du mit ihrem Nachfolger (also 4·5 = 20) und hängst dann die 25 an das Ergebnis an (du erhältst so die 2025 – die Quadratzahl von 45).

Primzahlen

Wenn du dir alle natürlichen Zahlen genau ansiehst und dir auch ihre Eigenschaften vor Augen führst, wirst du immer wieder auf besondere Zahlen stoßen. Die Mathematiker interessieren sich hier ganz besonders für eine Art von Zahlen, die auf den ersten Blick gar nicht auffällig sind, die Primzahlen.

🎧 Hier stellen sich die ersten Vertreter der Primzahlen vor.

Primzahlen sind ganz einfach

Man nennt eine natürliche Zahl, die größer als 1 ist und die nur durch 1 und sich selber teilbar ist, Primzahl. Das klingt doch eigentlich ganz einfach, oder? Die ersten Primzahlen sind auch ganz schnell gefunden. Sie lauten 2, 3, 5, 7, 11, 13, 17, 19, 23, 29 ... Diese Reihe kann man jetzt unendlich weit fortsetzen, denn es gibt unendlich viele Primzahlen. Mit Ausnahme der 2 sind übrigens alle Primzahlen ungerade Zahlen.

Schon gewusst?

Wenn man eine Nachricht, zum Beispiel eine E-Mail, so verschlüsseln möchte, dass niemand außer dem Empfänger sie verstehen kann, benutzt man dazu ganz besondere Computerprogramme. Diese Programme verwenden zum Verschlüsseln der Nachrichten auch Primzahlen.

🖰 Wetten, dass keiner außer meinem Freund Leon meine verschlüsselte Mail entziffern kann!

Wer findet die größte Primzahl?

Allerdings wird es immer komplizierter, neue Primzahlen zu finden, je weiter man sich in Richtung große Zahlen vorarbeitet. Schließlich muss man bei jedem Kandidaten überprüfen, ob es nicht doch noch einen Teiler außer 1 und der Zahl selber gibt – und das kann ganz schön mühsam werden. Deshalb benutzt man auch große und schnelle Computer mit speziellen Programmen, um in mühsamer Kleinarbeit immer neue Primzahlen zu finden.

⊂ In großen Rechenzentren arbeiten speziell ausgebildete Fachkräfte.

Wissenswert!

Weil es sehr aufwendig ist, immer neue Primzahlen zu finden, passiert das nur ganz selten. Zum letzten Mal wurde im Jahr 2008 eine neue (und zwar die bisher größte) Primzahl berechnet. Die Zahl hat mehr als 12 Millionen Stellen, bestünde also aus mehr als 12 Millionen Ziffern, wenn man sie aufschreiben würde.

Der griechische Mathematiker Euklid hat schon herausgefunden, dass es unendlich viele Primzahlen gibt. Diese Tatsache wird heute auch als „Satz des Euklid" bezeichnet. Besonders toll ist, dass Euklid natürlich keinen Computer zur Verfügung hatte, um diesen Satz zu beweisen – und er trotzdem stimmt. Das zeigt auch, welche großartigen Leistungen die Gelehrten früher vollbringen konnten.

⊃ Der griechische Mathematiker Euklid, wie ihn sich ein Maler der frühen Neuzeit vorstellte. Leider wissen wir nicht, wie er wirklich ausgesehen hat.

Potenzen

Es gibt in der Mathematik immer wieder ganz schön komplizierte Sachverhalte, daran gibt es keinen Zweifel. Aber die Mathematik ist auch immer wieder bemüht, komplizierte und unübersichtliche Berechnungen einfacher zu gestalten. Dazu stehen ihr verschiedene Möglichkeiten zur Verfügung. Ein Trick, um bestimmte Multiplikationen übersichtlicher zu machen, sind die Potenzen.

Multiplikationen werden abgekürzt

Man benutzt Potenzen nämlich, um bestimmte Multiplikationen kürzer und einfacher aufzuschreiben. Besonders wichtig ist hier das Wort „bestimmte", denn Potenzen kannst du nicht bei jeder beliebigen Multiplikation anwenden. Sie funktionieren nur, wenn dieselbe Zahl mehrmals hintereinander geschrieben wird, also zum Beispiel bei Aufgaben wie $4 \cdot 4 \cdot 4 \cdot 4 \cdot 4$. Hier werden 5 Vieren miteinander multipliziert. Das kann man abgekürzt so schreiben:

4^5 (sprich: „4 hoch 5").
Den Ausdruck 4^5 nennt man dann Potenz.

↻ Durch die Potenzschreibweise kann man kinderleicht Aufgaben verkürzen und damit vereinfachen.

Rechnen mit Potenzen

„Bringt das denn dann überhaupt etwas, wenn ich später ja doch alles ausrechnen muss?", wirst du dich vielleicht fragen. Die Antwort ist: Ja. Denn es gibt auch noch bestimmte Rechenregeln für Potenzen, sodass du aus vielen Potenzen, die in einer Rechnung vorkommen, dann nur noch wenige Potenzen machen kannst, die du ausrechnen musst. Solche Vereinfachungen funktionieren immer dann, wenn entweder die Basis bei mehreren Potenzen gleich ist oder die Exponenten gleich sind. Dann kannst du nämlich nach bestimmten Regeln entweder die Exponenten oder die Basen mehrerer Potenzen zusammenfassen – und plötzlich hast du in deiner Rechnung nur noch ganz wenige Potenzen stehen, die sich schnell und bequem ausrechnen lassen.

Beispiele:

$3^4 \cdot 3^9 = 3^{4+9} = 3^{13}$

$5^2 \cdot 6^2 = (5 \cdot 6)^2 = 30^2$

Wissenswert!

Jede Potenz hat zwei Bestandteile, die Basis und den Exponenten. Wenn du den Ausdruck a^n hast, ist a die Basis und n der Exponent. Wenn der Exponent 0 ist, ist der Wert der Potenz immer 1. Es gilt also $a^0 = 1$.

Potenzen schaffen Ordnung

Du kannst Potenzen also benutzen, um Ordnung und Übersicht in lange Rechnungen zu bringen – allerdings kommst du nicht daran vorbei, irgendwann einmal rechnen zu müssen. Für unser Beispiel heißt das: $4 \cdot 4 \cdot 4 \cdot 4 \cdot 4 = 4^5 = 1024$.

Wissenswert!

Eine besondere Potenz ist die Potenz mit dem Exponenten 2. Potenzen, die eine 2 im Exponenten haben, nennt man Quadratzahlen. Von ihnen war bereits auf den Seiten 48 und 49 die Rede.

⮑ Die Lösung ist gefunden!

↻ Auch wenn die linke Mannschaft weniger kräftig aussieht, so sind doch beide gleich stark. Beide Zahlenreihen haben denselben Wert.

Wie groß ist eigentlich unendlich?

Manchmal kann die Mathematik ganz schön verwirrend sein, das hast du sicherlich auch schon festgestellt. Aber selbst in so scheinbar verwirrenden Momenten bleiben die meisten Mathematiker cool. Es gibt aber eine Sache, bei der selbst viele coole Mathematiker ins Schwitzen geraten: das Unendliche.

⮑ Die Sache mit der Unendlichkeit bringt viele Mathematiker an den Rande der Verzweiflung!

Nicht mehr zu zählen

Auf den ersten Blick scheint alles noch ganz einfach zu sein. Du hast sicherlich schon einmal jemanden so zählen gehört: eins, zwei, drei, ganz viele. Gemeint sind damit so viele Teile, dass es sehr mühsam wäre, sie zu zählen, aber nicht unmöglich. Mit dem Unendlichen ist das aber anders. Das sind nämlich so viele, dass es nicht nur mühsam wäre, die einzelnen Teile zu zählen, es würde sogar unendlich lange dauern, ginge also in der Praxis gar nicht.

Ein Krug ohne Boden?

Ein Beispiel mag das besser erklären. Wenn du zählen willst, wie viele Wassertropfen in einen Wasserkrug passen, musst du zwar viel Geduld mitbringen, aber die Aufgabe ist zu schaffen. Nimm jetzt einmal einen Wasserkrug aus einem Märchen, aus dem du so viel Wasser herausschütten kannst, wie du willst, der aber immer voll bleibt. Hier hast du keine Chance, die Zahl der Tropfen im Krug zu bestimmen.

Ist unendlich gleich unendlich?

So weit, so gut. Bis hierhin ist die Unendlichkeit in der Mathematik doch gar nicht so schwer. Jetzt stell dir aber die Menge der natürlichen Zahlen (also 1, 2, 3, ...) vor. Es gibt unendlich viele natürliche Zahlen, du wirst niemals eine größte natürliche Zahl finden – schließlich kannst du immer noch 1 addieren. Und jetzt denkst du nur an die geraden Zahlen (also 2, 4, 6, ...). Auch hier gibt es unendlich viele. Wenn du nun die Anfänge der beiden Zahlenreihen untereinander aufschreibst, dann stellst du fest, dass die Reihe der geraden Zahlen scheinbar weniger Zahlen enthält, weil immer eine rausfällt, die ungerade ist. Aufs Ganze gesehen ist die unendliche Menge der natürlichen Zahlen aber genauso groß wie die unendliche Menge der geraden Zahlen, weil du jedem Element der einen Menge genau ein Element der anderen Menge zuordnen kannst. Wie groß die beiden Mengen genau sind, kann jedoch keiner sagen, weil sie sich eben immer weiter fortsetzen lassen, das heißt, unendlich sind.

◑ Das Weltall ist unendlich groß.

Wissenswert!

In der Mathematik gibt es für unendlich ein eigenes Symbol. Es sieht aus wie eine auf der Seite liegende Acht.

⮑ Hier wird der Begriff der Unendlichkeit sinnlich erfahrbar: Obwohl das letzte Zahnrad der „Unendlichkeitsmaschine" in Stein eingelassen ist, kommen die anderen nie ins Stocken. Durch die sich steigernde Übersetzung drehen sich die letzten Räder nur ganz, ganz langsam.

⮑ Das offizielle Symbol für unendlich

Euklid

⮑ Euklid – ein weiterer Mathematiker
aus dem alten Griechenland

Aus dem alten Griechenland stammen viele berühmte Gelehrte. Einer der berühmtesten unter ihnen war der Mathematiker Euklid. Er wurde ungefähr 360 vor Christus wahrscheinlich in Athen geboren (das genaue Datum weiß man nicht) und wurde etwa 80 Jahre alt. Vieles von dem, was wir heute über die griechische Mathematik wissen, hat Euklid damals schon aufgeschrieben.

Wissenswert!

Zu der Zeit, als Euklid lebte, war Alexandria so etwas wie das Zentrum der Gelehrten. Hier wurde alles Wissen der Welt in der berühmten Bibliothek von Alexandria zusammengetragen. Später wurde die Bibliothek dann zerstört und es gingen viele wertvolle Bücher dabei verloren.

Gelehrter in Alexandria

Über das Leben von Euklid ist nicht mehr viel bekannt. Man glaubt, dass er von Schülern Platons – ein anderer berühmter Gelehrter – erzogen worden ist. Sicher ist, dass Euklid später in die ägyptische Stadt Alexandria ging, um dort zunächst Mathematik zu studieren und dann zu lehren. Euklid eröffnete in Alexandria sogar eine Schule für Mathematik.

🎧 Die Bibliothek von Alexandria war die berühmteste Bibliothek der Antike. Sie wurde durch einen Brand zerstört.

Euphrat

Mittelmeer

Alexandria

Rotes Meer

Griechisches Ägypten

🎧 Alexandria war Euklids Wirkungsstätte.

Die Elemente

Euklid lehrte nicht nur Mathematik, sondern er schrieb sein Wissen über das Fach auch systematisch auf. Sein bekanntestes Werk nannte er „Die Elemente". Dabei handelt es sich aber nicht um ein Mathebuch, wie du es aus der Schule kennst. Das Werk „Die Elemente" besteht aus 13 einzelnen Büchern. Dabei beschäftigen sich die ersten sechs und die letzten drei Bücher nur mit dem Fach Geometrie. Was Euklid dort aufgeschrieben hat, bildet noch immer die Grundlage für das, was an heutigen Schulen auf dem Gebiet der Geometrie gelehrt wird.

Die weiteren Bücher beschäftigen sich dann mehr mit Zahlen und ihren Eigenschaften. Diesen Bereich nennt man Arithmetik. Auch hier hat Euklid viele berühmte Entdeckungen gemacht und Lehrsätze formuliert. Wenn du das liest, wunderst du dich sicher nicht mehr darüber, dass man den griechischen Gelehrten auch heute noch für einen der größten Mathematiker aller Zeiten hält.

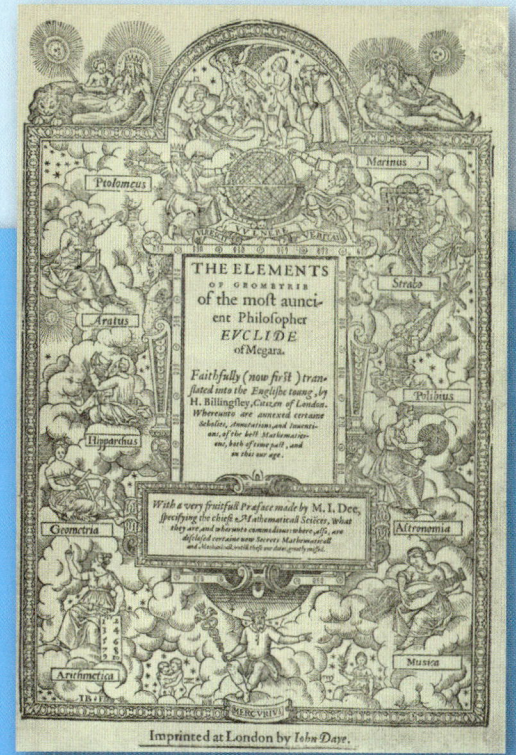

🎧 Im 16. Jahrhundert wurde Euklids Werk „Die Elemente" ins Englische übersetzt. Hier siehst du das Titelblatt des Buches.

Wissenswert!

Euklid hat in seinem Werk viele Lehrsätze formuliert. So hat er zum Beispiel bewiesen, dass es unendlich viele Primzahlen gibt (also Zahlen, die man nur durch 1 und sich selber teilen kann). Diese Tatsache ist auch heute noch als „Satz des Euklid" bekannt.

↻ Das sind nur die ersten Vertreter einer unendlich langen Reihe von Primzahlen.

Negative Zahlen

Wie du im Zusammenhang mit der Subtraktion schon gehört hast, gibt es Zahlen, die einen Wert haben, der kleiner als Null ist. Man nennt sie negative Zahlen und sie gehören nicht zur Menge der natürlichen Zahlen, von denen im zweiten Kapitel hauptsächlich die Rede war.

↻ Aus jeder positiven Zahl wird eine negative, wenn du ein Minuszeichen davorsetzt.

Zahlen kleiner als null

Negative Zahlen sind Zahlen, die kleiner als null sind. Du kannst sie daran erkennen, dass man ein Minuszeichen davorsetzt. Man schreibt also –1, –2, –3, …

Hilfsmittel Zahlengerade

Wer zum ersten Mal mit negativen Zahlen zu tun hat, der hat manchmal ein paar Schwierigkeiten, mit ihnen klarzukommen. Da hilft es immer, sich diese Zahlen auf einer Zahlengeraden vorzustellen. In der Mitte der Zahlengeraden befindet sich die Null, rechts von der Null sind die dir bekannten positiven Zahlen und links von der Null werden die negativen Zahlen eingetragen.

Wissenswert!

Klammern setzen

Zwei Rechenzeichen dürfen nicht unmittelbar aufeinandertreffen, sonst verliert man den Überblick. Wenn es bei den negativen Zahlen trotzdem passiert, dann musst du eine Klammer um die negative Zahl und ihr Vorzeichen machen: 5 + (–3). Du kannst anschließend die Klammer wieder auflösen: 5 – 3. Das Ergebnis heißt schließlich 2.

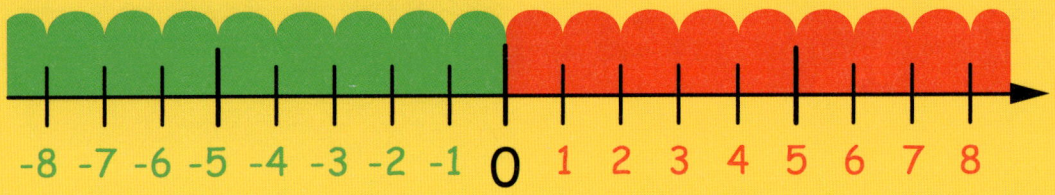

↻ Zahlengerade

Wissenswert!

Negative Zahlen im Alltag

Negative Zahlen spielen manchmal auch im wirklichen Leben eine Rolle. Sie sind also keine Erfindung von Mathematikern, die irgendwann einmal Langeweile hatten. Besonders unangenehm sind negative Zahlen auf dem Bankkonto, denn sie bedeuten, dass man Schulden bei der Bank hat. In dem Fall spricht man auch häufig davon, dass man „in den roten Zahlen" ist. Das kommt daher, dass früher negative Zahlen in der Bilanz mit roter Tinte eingetragen waren.

🎧 Bilanz mit positiven und negativen Zahlen. Die negativen Zahlen sind auch hier in Rot geschrieben.

Rechenregeln für negative Zahlen

Natürlich kannst du mit negativen Zahlen auch rechnen:
Wenn du zwei negative Zahlen addierst, erhältst du immer eine negative Zahl. Bei der **Addition** einer negativen und einer positiven Zahl musst du dir zunächst die Beträge beider Zahlen ansehen. Ist die positive Zahl größer als die negative Zahl, ist das Ergebnis positiv, ansonsten ist es negativ. <u>Beispiel:</u> $5 + (-3) = 2$; aber: $-5 + 3 = -2$.
Bei der **Subtraktion** gilt: Wenn du eine negative Zahl von einer beliebigen positiven Zahl subtrahierst, musst du in Wirklichkeit die beiden Zahlen addieren. <u>Beispiel:</u> $5 - (-3) = 5 + 3 = 8$.

Bei der **Multiplikation** gilt: Wenn du zwei negative Zahlen multiplizierst, ist das Ergebnis positiv. Bei der Multiplikation einer negativen mit einer positiven Zahl erhältst du ein negatives Ergebnis. Das gilt entsprechend für die **Division**. <u>Beispiele:</u>

$$-3 \cdot (-3) = 9$$
$$-3 \cdot 3 = -9$$
$$9 : (-3) = -3$$
$$-9 : (-3) = 3$$

Wissenswert!

Rechnung veranschaulichen

Auch beim Rechnen mit negativen Zahlen hilft dir die Zahlengerade weiter. Versuche dir an ihr die Aufgaben vorzustellen, dann merkst du schnell, welches Vorzeichen das Ergebnis haben muss.

↩ Auch im Land der Eskimos spielen negative Zahlen eine wichtige Rolle – nämlich auf dem Thermometer.

Pierre de Fermat

Der französische Mathematiker und Jurist Pierre de Fermat lebte im 17. Jahrhundert. Er hat sich ganz besonders mit den Zahlen und ihren Eigenschaften, der Wahrscheinlichkeitsrechnung und natürlich mit Gesetzestexten beschäftigt. Besonders berühmt wurde er für den sogenannten „Großen Fermatschen Satz", der erst 1995 bewiesen werden konnte.

Fermats Leben

Wann genau Pierre de Fermat geboren wurde, weiß man heute nicht mehr. Man nimmt aber an, dass es 1607 oder 1608 gewesen sein muss. Studiert hat er von 1623 bis 1626 das Fach Zivilrecht an der Universität von Orléans. Mit der Mathematik beschäftigte er sich eigentlich nur in seiner Freizeit. Und obwohl er nicht Mathematik studiert hatte, gelangen ihm auf diesem Gebiet einige wichtige Entdeckungen. Ab 1643 blieb ihm nur noch wenig Zeit, sich mit Zahlen zu beschäftigen, weil er zu viel mit seiner eigentlichen Arbeit zu tun hatte. Fermat starb schließlich 1665.

🎧 Fermat schreibt einen seiner zahlreichen Briefe mit wissenschaftlichem Inhalt.

Wissenswert!

Wissenschaft in Briefen

Pierre de Fermat schrieb nicht, wie andere Mathematiker, Bücher über sein Wissen. Er verfasste viele Briefe an andere Mathematiker, in denen er seine Ideen erklärte. Es ist seinem Sohn zu verdanken, dass diese Briefe später veröffentlicht wurden. Außerdem machte es Fermat Spaß, seine Erkenntnisse in Form von Denksportaufgaben – als Probleme ohne Lösungen – zu formulieren.

Der „Große Fermatsche Satz"

Besonders berühmt wurde der Franzose durch den „Großen Fermatschen Satz". Der Ausgangspunkt ist hier der Satz des Pythagoras und die Gleichung $a^2 + b^2 = c^2$. Dieser Satz ist richtig und wurde schon von Pythagoras selbst bewiesen. Fermat überlegte nun, was denn passiert, wenn die Exponenten höher als 2 sind. Also wenn es zum Beispiel $a^4 + b^4$ heißen würde. Er behauptete schließlich, dass es für Exponenten höher als 2 keine natürlichen Zahlen für a, b, und c gibt, die man in die Gleichung einsetzen kann, die Gleichung in diesen Fällen also nicht funktioniert. Als Formel kann man das ebenfalls darstellen: $x^n + y^n \neq z^n$

Schwieriger Beweis

Viele Mathematiker waren sich schnell darüber einig, dass Fermat mit seinem Satz Recht hatte, aber beweisen konnte das niemand. Es dauerte schließlich bis ins Jahr 1995 – also mehr als 300 Jahre –, bis dies gelang. Und der Beweis füllt viele Seiten, obwohl Fermat selbst behauptet hatte, einen wunderbar eleganten (also kurzen) Beweis zu kennen. Diese kuriose Tatsache des späten Beweises ist auch ein wichtiger Grund dafür, dass der „Große Fermatsche Satz" so berühmt geworden ist.

⮂ Toulouse war ab 1631 Fermants Wohnort, da er dort als Abgeordneter des königlichen Parlaments von Toulouse arbeitete.

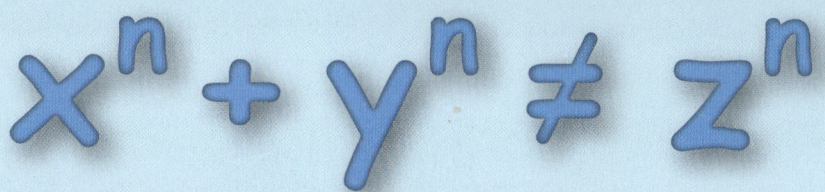

$$x^n + y^n \neq z^n$$

Ganze Zahlen

Wie du bestimmt schon mitbekommen hast, ist in der Mathematik (fast) alles sehr schön geordnet. Das gilt natürlich auch für die verschiedenen Arten von Zahlen, die es gibt. Diese werden in ganz besondere Mengen einsortiert. Diese Mengen nennt man manchmal auch Zahlenbereiche. Hier soll es nun um den Zahlenbereich der ganzen Zahlen gehen.

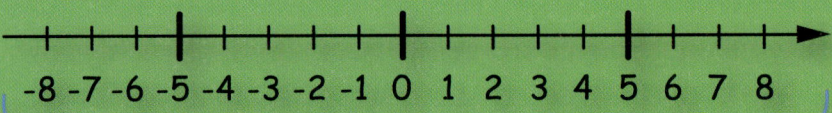

ganze Zahlen

Erweiterung der natürlichen Zahlen

Weil die Zahlenbereiche alle aufeinander aufbauen, wollen wir uns an dieser Stelle einen Zahlenbereich ins Gedächtnis zurückrufen, den du bereits kennst: nämlich die natürlichen Zahlen. In dieser Menge befinden sich alle ganzen positiven Zahlen und die Null. In der Mengenschreibweise sieht das so aus: $\mathbb{N} = \{0, 1, 2, 3, ...\}$. Wenn du jetzt die Menge der ganzen Zahlen darstellen möchtest, musst du zu dieser Menge der natürlichen Zahlen einfach noch die Menge der negativen Zahlen dazunehmen, die du im vorletzten Kapitel kennengelernt hast. Das sind diejenigen Zahlen, die kleiner als null sind und als besonderes Kennzeichen ein Minuszeichen tragen. Die Menge der ganzen Zahlen wird mit dem Buchstaben $\mathbb{Z}$ gekennzeichnet. In der Mengenschreibweise sieht das folgendermaßen aus:

$$\mathbb{Z} = \{..., -3, -2, -1, 0, 1, 2, 3, ...\}$$

↻ Die negativen Zahlen sind auf dem Zahlenstrahl auch Spiegelbilder der positiven, nur mit einem Minuszeichen davor.

Wissenswert!

Zahlen ohne Rest

Den Begriff „ganze Zahlen" kannst du übrigens ganz wörtlich nehmen. Ganze Zahlen sind nämlich solche Zahlen, die keinen „Rest" hinter dem Komma haben. 1 ist also eine ganze Zahl, 1,5 hingegen nicht.

⮕ Auf einem Würfel gibt es nur ganze Zahlen.

Gegenzahlen

Wenn du dir die Menge der ganzen Zahlen einmal genau ansiehst, wirst du bemerken, dass links und rechts von der Null fast die gleichen Zahlen auftauchen, nur ihr Vorzeichen unterscheidet sich. Zwei Zahlen, die sich nur durch ihr Vorzeichen unterscheiden, werden auch „Gegenzahlen" genannt. 2 und −2 sind also Gegenzahlen, genau wie 386 und −386.

⮕ Zwei Gegenzahlen im Ring. Hier gibt es wohl keinen Sieger!

Beträge

Ein weiterer wichtiger Begriff im Zusammenhang mit Zahlen ist ihr Betrag. Wenn du dir alle Zahlen auf der Zahlengeraden vorstellst, ist der Abstand jeder Zahl zur Null ihr Betrag. Die 2 hat den Abstand 2 zur Null, ihr Betrag ist also 2. Aber auch die −2 hat einen Abstand von 2 zur Null, ihr Betrag ist folglich auch 2. Beträge sind also immer positiv. Der Betrag einer Zahl und ihrer Gegenzahl ist immer gleich, denn es kommt nicht auf das Vorzeichen, sondern nur auf ihren Abstand zur Null an.

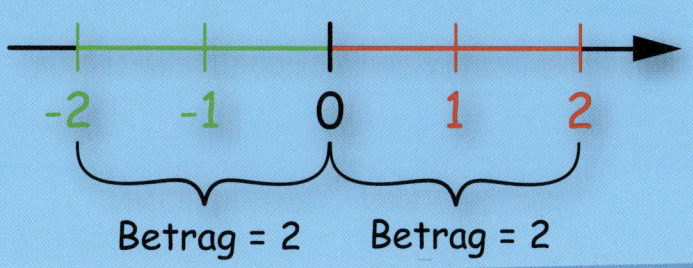

Rationale Zahlen

Wenn du in der Mathematik neue Zahlenbereiche entdecken möchtest, solltest du zunächst von den Bereichen ausgehen, die du kennst, und dich dann langsam auf unbekanntes Gebiet vorpirschen. Insofern ist die Entdeckung neuer Zahlenbereiche fast so etwas wie die Eroberung unbekannter Länder. Wagen wir jetzt einmal den Schritt ins Land der rationalen Zahlen. Sie werden mit dem Buchstaben $\mathbb{Q}$ gekennzeichnet.

🎧 Auf zu neuen Ufern! Das hatten vermutlich auch Kolumbus und seine Mannschaft gedacht, als sie sich aufmachten, um Amerika zu entdecken.

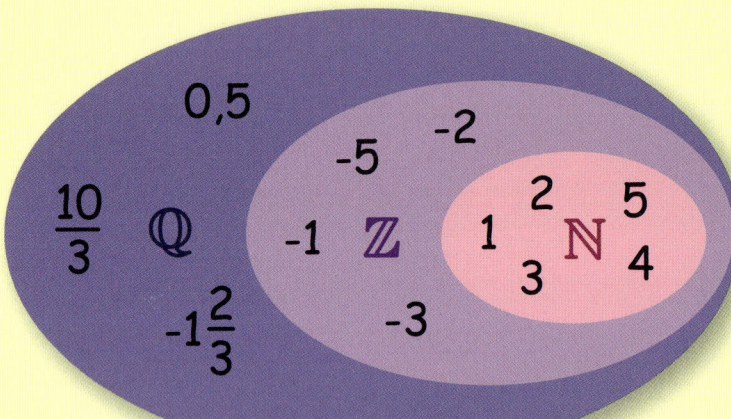

↻ Die Menge der ganzen Zahlen ist eine Teilmenge der rationalen Zahlen.

Von den ganzen Zahlen zu den rationalen Zahlen

Die Menge der ganzen Zahlen umfasst alle positiven und negativen ganzen Zahlen und die Null; man schreibt also in der Mengenschreibweise: $\mathbb{Z} = \{..., -3, -2, -1, 0, 1, 2, 3\}$. Jetzt wollen wir den Bereich der uns bekannten Zahlen deutlich erweitern. Wir nehmen nämlich alle Zahlen hinzu, die man erhält, wenn man zwei Zahlen durcheinander teilt. Es kommen also Zahlen wie $\frac{1}{2}$, 0,75 oder $1\frac{2}{3}$ hinzu. Teilen wir, dann bilden wir den Quotienten. Deshalb trägt diese Menge den Buchstaben $\mathbb{Q}$. Man nennt sie die Menge der rationalen Zahlen.

Jede Zahl ist ein Bruch

Vielleicht hast du schon gelernt, dass man jede Zahl auch als Bruch darstellen kann. Bei einem Bruch steht immer eine Zahl oberhalb des Bruchstrichs (Zähler genannt) und eine Zahl unterhalb des Bruchstrichs (Nenner genannt). Du kannst zum Beispiel eine 2 auch als $\frac{2}{1}$ oder als $\frac{8}{4}$ schreiben. Das ändert nichts am Wert der Zahl, der ist und bleibt nämlich 2. Wenn du 2 durch 1 teilst, erhältst du 2, und wenn du 8 durch 4 teilst, erhältst du ebenfalls 2. Deshalb kann man die rationalen Zahlen auch als „Menge aller Bruchzahlen" bezeichnen.

Eine besondere Mengenschreibweise

Die Mengenschreibweise für diese Menge sieht etwas komplizierter aus als bei den natürlichen und den ganzen Zahlen, nämlich so:
$$\mathbb{Q} = \{\tfrac{m}{n} \mid m, n \in \mathbb{Z}, n \neq 0\}.$$
Das bedeutet, du hast es mit der Menge aller Brüche zu tun, wobei Zähler und Nenner der Brüche immer ganze Zahlen sein müssen und im Nenner keine Null stehen darf (weil man ja nicht durch null teilen darf). Diese Schreibweise mag auf den ersten Blick ein wenig komisch aussehen, aber man gewöhnt sich schnell daran. Letztendlich erlaubt sie es dem Mathematiker und der Mathematikerin, auch komplizierte Sachverhalte kurz, knapp und – vor allem – präzise auszudrücken.

🎧 Goldene Regel: Eine Null im Nenner ist nicht erlaubt.

Irrationale Zahlen

Du kennst die Menge der rationalen Zahlen bereits. Sie beinhaltet alle Zahlen, die sich als Bruchzahlen schreiben lassen. Das sind eine ganze Menge Zahlen, aber dennoch deckt diese Menge nicht alle Zahlen ab, die es gibt. An dieser Stelle kommen die irrationalen Zahlen ins Spiel. Sich darunter etwas vorzustellen, ist nicht immer ganz einfach, aber das sollte dich nicht abschrecken. Die Menge der irrationalen Zahlen wird mit dem Buchstaben I gekennzeichnet oder mit $\mathbb{R}\backslash\mathbb{Q}$.

⮑ Hier siehst du, dass die große Menge der rationalen Zahlen die irrationalen Zahlen nicht beinhaltet. Sie stehen außerhalb dieser Menge.

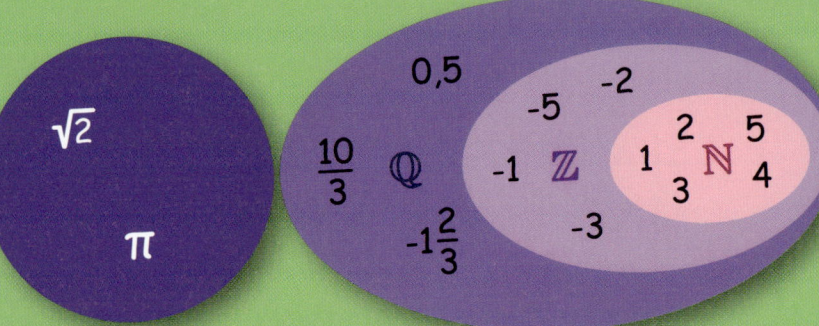

Keine Bruchzahlen

Im Gegensatz zu den rationalen Zahlen lassen sich irrationale Zahlen nicht als Bruch darstellen. Dieser Satz klingt eigentlich ganz einfach, aber er ist sehr wichtig, um irrationale Zahlen wirklich aufspüren zu können. Die Frage ist jetzt natürlich, welche Zahlen das wohl sein mögen, die sich nicht als Brüche darstellen lassen.

↻ Vorsicht: Irrationale Zahlen dürfen sich nicht als Brüche darstellen lassen, sonst sind es keine irrationalen Zahlen.

Berühmte irrationale Zahlen

Eine bekannte irrationale Zahl, die du auf den Seiten 74 und 75 genauer kennenlernen wirst, ist die Kreiszahl π. Mit ihrer Hilfe kannst du zum Beispiel die Fläche und den Umfang eines Kreises berechnen. Ihr Wert ist 3,14159… Die drei Punkte deuten an, dass sich diese Zahl unendlich weit nach dem Komma fortsetzt. Du kannst es jetzt so lange versuchen, wie du willst, du wirst niemals einen Bruch finden, der den Wert π hat. Eine weitere berühmte irrationale Zahl ist $\sqrt{2}$ (du sprichst „die Wurzel aus zwei" oder kurz „Wurzel zwei"). Sie hat den Wert 1,4142… Du siehst, auch diese Zahl hat unendlich viele Nachkommastellen und lässt sich nicht als Bruch darstellen.

↻ So sieht die irrationale Zahl π auf dem Taschenrechner aus: Das Display ist irgendwann zu Ende, aber die Zahl wird nie zu Ende sein, denn sie ist unendlich. Lass dich also nicht täuschen!

Unendlich, aber nicht irrational

Viele Menschen machen den Fehler, zu glauben, jede Zahl mit unendlich vielen Nachkommastellen sei automatisch auch irrational. Das stimmt aber nicht, wie du dir leicht anhand der Zahl $\frac{1}{3}$ klarmachen kannst. Wenn du sie als Dezimalzahl schreibst, erhältst du 0,3333…. Diese Zahl hat unendlich viele Nachkommastellen, lässt sich aber prima als Bruch darstellen. $\frac{1}{3}$ ist also eine ganz normale, wunderschöne rationale Zahl.

Wissenswert!

Alte Bekannte

Dass es so etwas wie irrationale Zahlen gibt, wissen die Menschen schon sehr lange. Schon die Schüler des griechischen Mathematikers Pythagoras haben sich Beweise für deren Existenz ausgedacht. Eine erste mathematisch korrekte Definition schrieb aber erst viel später der deutsche Mathematiker Georg Cantor (1845–1918) auf.

⮕ Der deutsche Mathematiker Georg Cantor lebte von 1845–1918. Er ist der Begründer der Mengenlehre.

Reelle Zahlen

Das Schöne an den verschiedenen Zahlenbereichen ist, dass sie alle in gewisser Weise miteinander verwandt sind. Um einen neuen Bereich zu erhalten, nimmt man sich also einen bekannten Zahlenbereich und fügt ihm beispielsweise neue Elemente hinzu. Der bekannte (alte) Zahlenbereich ist dann eine Teilmenge des neuen. Auch wenn es darum geht, die reellen Zahlen zu erkunden, kannst du so vorgehen.

Rationale und irrationale Zahlen

Um ganz schnell erklären zu können, was die reellen Zahlen sind, braucht man allerdings gleich zwei andere Zahlenbereiche: die rationalen Zahlen und die irrationalen Zahlen. Das sind diejenigen Zahlen, die sich als Bruch zweier ganzer Zahlen darstellen lassen (rationale Zahlen), und diejenigen, die sich nicht als Bruch darstellen lassen (irrationale Zahlen). Wenn du nun diese beiden Zahlenbereiche zusammenführst, bekommst du als Ergebnis den Zahlenbereich der reellen Zahlen. Die Menge der reellen Zahlen erhält zur Bezeichnung den Buchstaben $\mathbb{R}$. In der Skizze sind sie beide gestrichelt.

↺ Den Bereich der reellen Zahlen erhält man, wenn man den Bereich der rationalen und den Bereich der irrationalen Zahlen zusammenführt.

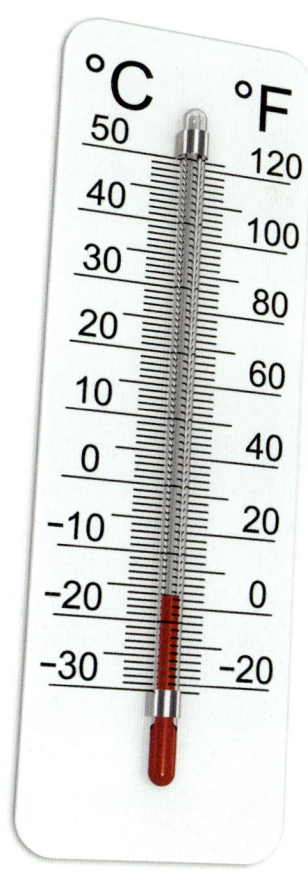

Juhu, hier ist der Bereich der reellen Zahlen – hier dürfen wir alle hinein, auch wenn wir noch so unterschiedlich aussehen!

Welche Rechnung ist erlaubt?

Wenn du dir alle Zahlenbereiche, die du nun kennst, einmal genau ansiehst, wirst du schnell merken, dass jeder von ihnen bestimmte Einschränkungen hat. Das heißt, du kannst nicht jede beliebige Berechnung innerhalb jedes Zahlenbereichs ausführen. So funktioniert die Rechnung 3 – 5 im Bereich der natürlichen Zahlen nicht, weil als Ergebnis eine negative Zahl herauskommt. Du brauchst dazu also die ganzen Zahlen. Du kannst andererseits $\sqrt{2}$ im Bereich der rationalen Zahlen nicht bestimmen, weil sich $\sqrt{2}$ nicht als Bruch darstellen lässt, der Bereich der rationalen Zahlen aber den Zahlen vorbehalten ist, die sich als Bruch darstellen lassen. Aber es funktioniert im Bereich der reellen Zahlen, weil er die Vereinigung von rationalen und irrationalen Zahlen darstellt. Wenn du nun die Menge der reellen Zahlen nimmst, so kannst du hier (fast) alles machen, was dir einfällt. Das ist ein Grund dafür, warum in der Mathematik häufig in diesem Zahlenbereich gearbeitet wird.

Mein Experiment:

Du kennst nun schon fast alle Zahlenbereiche. Jetzt stell dir einmal vor, du bist ein Physiker und willst ganz viele verschiedene Dinge messen. Überlege einmal, welche Zahlenbereiche du für die unterschiedlichen Rechnungen brauchst.

➲ Zum Messen der Temperatur benötigen wir den Bereich der positiven und negativen Zahlen – also ℤ: Dieses Thermometer zeigt mit –16 Grad Celsius eine sehr niedrige Temperatur an. Im Bereich Fahrenheit entspricht das einem Wert knapp über null.

Komplexe Zahlen

Du kannst dir viele Dinge in der Mathematik anschaulich machen, indem du dir im wahrsten Sinne des Wortes „ein Bild davon machst". So hilft dir die Zahlengerade beispielsweise dabei, die verschiedenen Zahlenbereiche zu verstehen. Aber es gibt auch immer mal wieder Themen, bei denen das nicht funktioniert. Um ein solches Thema, das man sich nur noch schwer bildlich vorstellen kann, soll es nun gehen: die komplexen Zahlen. Für die Menge der komplexen Zahlen wird der Buchstabe $\mathbb{C}$ verwendet.

↻ Komplexe Zahlen sind schwer aufzuspüren, hat mein Lehrer gesagt. Aber wetten, dass es mir dennoch gelingt!

⮑ Wie geheimnisvoll! – Das „i" ist eine „imaginäre Einheit", es gibt sie nur in unserer Vorstellung.

Das verflixte i

Fast alle Berechnungen, die du dir vorstellen kannst, lassen sich im Zahlenbereich der reellen Zahlen durchführen. Aber es gibt immer noch Aufgaben, die auch dort nicht mehr gelöst werden können. Du kannst zum Beispiel dort keine Zahl finden, die mit sich selbst multipliziert den Wert –1 annimmt. Bei den reellen Zahlen gilt nämlich, dass das Produkt zweier positiver und auch das Produkt zweier negativer Zahlen jeweils positiv ist. Nun gibt es aber einen Trick, der die Aufgabe doch lösbar macht. Man hat nämlich eine neue Zahl eingeführt. Diese Zahl heißt i und es gilt: $i^2 = -1$. Man bezeichnet diese Zahl i auch als „imaginäre Einheit". Eine Einheit also, die nur in der Vorstellung existiert.

Vom i zur komplexen Zahl

Die imaginäre Einheit i allein macht aber noch keine komplexe Zahl aus. Um eine solche zu erhalten, sind noch zwei weitere Zutaten notwendig, nämlich die reellen Zahlen a und b. Dabei sind a und b Platzhalter (man sagt auch Variablen), die durch jede beliebige reelle Zahl ersetzt werden können. i ist dagegen kein Platzhalter, sondern eine neue Zahl, die jedoch außerhalb der Zahlengeraden liegt. Jede komplexe Zahl hat nun die Form a + b · i. Das klingt jetzt ziemlich kompliziert, ist es aber nur so lange, bis man sich an das komische i gewöhnt hat. Für komplexe Zahlen gelten übrigens eigene Rechenregeln, die wir uns hier aber sparen wollen.

Wissenswert!
Erfinder der Zahl i
Der „Erfinder" der Zahl i ist übrigens der Schweizer Mathematiker Leonhard Euler (1707 – 1783). Er hat sich viele Gedanken über Zahlen gemacht und gilt als einer der bedeutendsten Mathematiker überhaupt.

➲ Der Schweizer Mathematiker Leonhard Euler gilt auch als Begründer der Analysis. Das ist ein wichtiges Teilgebiet der Mathematik.

🎧 Der Regenbogen – ein Beispiel für Lichtbrechung

Wichtig für die Wissenschaft

Man kann komplexe Zahlen wirklich gut gebrauchen, wenn man zum Beispiel in der Elektrotechnik mit Wechselstrom arbeitet. Auch in der Physik gibt es viele Bereiche, die ohne komplexe Zahlen gar nicht auskommen, etwa wenn man Vorgänge der Lichtbrechung berechnen will.

Blaise Pascal

Der französische Mathematiker, Physiker und Philosoph Blaise Pascal war ein richtiges Wunderkind. Schon früh beeindruckte er die Gelehrten seiner Zeit mit seinem Wissen, und auch im weiteren Verlauf seines Lebens verblüffte Pascal seine Kollegen immer wieder mit erstaunlichen Erkenntnissen.

🎧 Blaise Pascal war Mathematiker, Physiker und Philosoph

Das Wunderkind

Blaise Pascal wurde 1623 im französischen Clermond-Ferrand geboren. Sein Vater war ein hoher Richter und seine Mutter stammte aus einer angesehenen Kaufmannsfamilie. Als er acht Jahre alt war, zog die Familie nach Paris, weil Blaise und seine beiden Schwestern dort besser ausgebildet werden konnten. Da Blaise Pascal ein kränkliches Kind war, übernahmen sein Vater und verschiedene Hauslehrer die Ausbildung. Bereits mit 12 Jahren entdeckte man sein mathematisches Talent und das kleine Genie begann, seine Freizeit mit den Pariser Gelehrten zu verbringen. Mit 16 verblüffte er die Öffentlichkeit mit einer großartigen mathematischen Arbeit.

Religiöses Leben

Im Jahr 1647, im Alter von 24 Jahren, wandte sich Pascal erstmals der Religion zu. Aber auch die Mathematik und die Naturwissenschaften behielten noch einen wichtigen Platz in seinem Leben. Damit war es dann aber sieben Jahre später endgültig vorbei, als er sich nach einem Unfall mit seiner Kutsche voll und ganz der Religion widmete. Im Alter von nur 39 Jahren starb Blaise Pascal 1662 in Paris.

➲ Hier siehst du einen Kupferstich von Gabriel Perelle (um 1603–1677). Er lebte zu der Zeit von Pascal und war fasziniert von Paris; darum zeichnete er die Stadt.

Naturwissenschaft und Mathematik

Bevor er sich 1654 ganz der Religion widmete, hatte Blaise Pascal einige wichtige wissenschaftliche Entdeckungen gemacht. Er formulierte einige bekannte Sätze in der Mathematik. Auch das sogenannte Pascalsche Dreieck geht auf ihn zurück. Um seinem Vater die Arbeit zu erleichtern, erfand Pascal eine Rechenmaschine, die sogenannte Pascaline. Außerdem beschäftigte er sich viel mit der Wahrscheinlichkeitsrechnung. Und auch in Sachen Physik ist er berühmt. Immerhin erfand Pascal das Barometer zur Luftdruckmessung.

⮑ Dieses Gefäß ist unter dem Namen Goethe-Barometer bekannt. Es dient zur Messung des Luftdrucks: Ist der Wasserstand im Schnabel des Barometers tief, herrscht hoher Luftdruck und umgekehrt.

↻ Das Pascalsche Dreieck

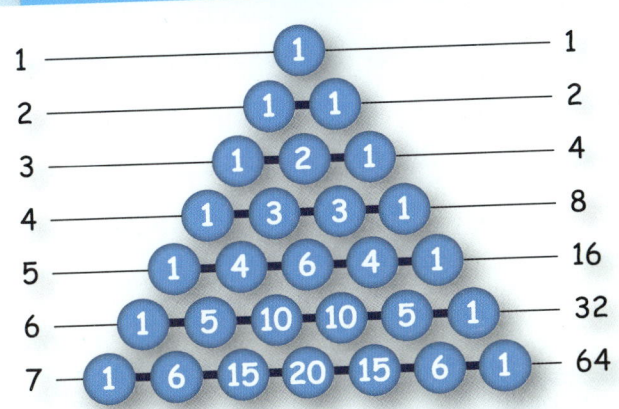

Wissenswert!

Pascal und die Informatik

In der Informatik ist die Computersprache „Pascal" nach Blaise Pascal benannt. Damit will man ihn vor allem für die Erfindung der Rechenmaschine ehren.

🎧 Die Pascaline ist eine der ersten mechanischen Rechenmaschinen. Sie wurde 1642 von Pascal erfunden, da war er gerade einmal 19 Jahre alt.

Die Zahl Pi π

→ Der griechische Mathematiker Archimedes

Kreise, Dreiecke, Rechtecke – sie alle sind geometrische Figuren. Unter ihnen nimmt der Kreis jedoch eine ganz besondere Stellung ein. Zum Beispiel hat er als einzige Figur keine Ecken. Und noch etwas ist besonders: Wenn du den Umfang und die Fläche eines Kreises berechnen möchtest, schaffst du das nur mithilfe einer ganz besonderen Zahl, die man Pi nennt. Du hast sie bereits auf Seite 67 kennengelernt, wo die irrationalen Zahlen vorgestellt wurden.

Wissenswert!

Pi ist ein griechischer Buchstabe, den man so schreibt: π. Wir nehmen einen griechischen Buchstaben, um diese besondere Zahl zu schreiben, weil der griechische Mathematiker Archimedes der Erste war, der sie relativ genau bestimmen konnte.

Die Kreiszahl

Man nennt Pi auch die Kreiszahl. Das hat seinen guten Grund, denn Pi gibt das Verhältnis vom Umfang eines Kreises zu seinem Durchmesser an. Das heißt, wenn man den Umfang durch den Durchmesser teilt, dann erhält man Pi. Das Besondere daran ist, dass dieses Verhältnis immer gleich ist. Du kannst jeden beliebigen Kreis nehmen – egal, ob er winzig klein oder riesig groß ist –, das Verhältnis der beiden Größen bleibt immer gleich. Du kannst weder Umfang noch Fläche eines Kreises berechnen, wenn du die Zahl Pi nicht kennst.

Schon gewusst?

Mathe-Freaks haben den 14. März zum Pi-Tag gemacht. Das kommt von der amerikanischen Schreibweise dieses Datums, nämlich 3.14.

Komische Pi-Geschichten

Nicht allen Menschen ist Pi geheuer. Und so verabschiedete der US-Bundesstaat Indiana 1897 angeblich ein Gesetz, das besagte, der Wert von Pi solle ab sofort 4 betragen. Auch bei der Suche nach außerirdischen Wesen setzt man auf die Zahl Pi. So senden Wissenschaftler unter anderem diese Zahl ins Weltall, weil sie davon überzeugt sind, dass alle intelligenten Lebewesen sie kennen müssten – egal von welchem Planeten sie kommen.

Wie groß ist Pi?

Aber wie groß ist diese Zahl denn nun, wirst du dich jetzt sicher fragen. Die Antwort lautet 3,14159… Die drei Punkte nach der 9 zeigen schon, dass es noch eine weitere Besonderheit bei dieser Zahl gibt. Pi hat nämlich unendlich viele Nachkommastellen – die Zahl hört also nie auf. Oder anders gesagt: Man kann diese Zahl nicht exakt angeben, es handelt sich um eine irrationale Zahl (siehe die Seiten 66 und 67). Deshalb schreibt man entweder die drei Punkte oder – was noch besser ist – man benutzt einfach den griechischen Buchstaben π, wenn man die Kreiszahl meint. Beispielsweise dann, wenn man die Fläche eines Kreises berechnen will: $A = \pi \cdot r^2$.

↻ ↺ Wo begegnen dir Kreise im Alltag? Vollmond und Lenkrad sind nur zwei von vielen treffenden Beispielen.

M: Mittelpunkt
r: Radius
d: Durchmesser
U: Umfang

Magische Quadrate

Auf den Rätselseiten von Zeitungen und Zeitschriften begegnet man immer wieder verschiedensten Zahlenrätseln. Man findet heutzutage kaum eine Zeitung, in der nicht wenigstens ab und zu ein Sudoku abgedruckt ist. Mindestens genauso spannend wie diese japanischen Zahlenrätsel sind magische Quadrate.

⮡ Das japanische Zahlenrätsel Sudoku.

Zeilen, Spalten und Diagonalen

In ein magisches Quadrat musst du auch Zahlen einsetzen. Allerdings erfordert es im Gegensatz zum Sudoku ein wenig Rechenarbeit. Hier müssen nämlich die Zahlen so eingesetzt werden, dass ihre Summen in allen Zeilen, Spalten und auch in den beiden Diagonalen gleich sind. Natürlich gibt es gleich viele Zeilen und Spalten – sonst wäre es ja kein Quadrat. Einsetzen musst du in ein magisches Quadrat die Zahlen von 1 bis zur Anzahl der Felder. Bei einem 4-x-4-Quadrat sind das also die Zahlen von 1 bis 16. Von Seite 13 kennst du bereits das „luo shu", es ist ein 3-x-3-Quadrat.

⮡ Das magische Quadrat.

Wissenswert!

Magische Quadrate sind keine neumodische Erfindung. Schon die alten Ägypter knobelten vor etwa 4000 Jahren an solchen Zahlenrätseln herum.

⮡ Zahlenrätsel zu lösen war auch im alten Ägypten eine beliebte Freizeitbeschäftigung

Die Summe ist nicht beliebig

Bei einem magischen Quadrat ist es nicht egal, welche Summe am Schluss bei der Addition der Zahlen einer Zeile, Spalte oder Diagonale herauskommt. Die Summe hängt vielmehr von der Größe des Quadrats ab. Du kannst sie ganz leicht selber ausrechnen: Zuerst addierst du alle Zahlen, die im magischen Quadrat vorkommen, und dann teilst du diese Summe durch die Anzahl der Zeilen im Quadrat. Für ein 3-x-3-Quadrat ergibt sich also folgende Rechnung:

$$\frac{1+2+3+4+5+6+7+8+9}{3} = \frac{45}{3} = 15$$

Die Summe aller Zahlen einer Zeile, Spalte oder Diagonale muss bei einem 3-x-3-Quadrat also 15 sein. Diese Summe wird auch „magische Konstante" genannt.

3 × 3	15
4 × 4	34
5 × 5	65
6 × 6	111
7 × 7	175

Wissenswert!

Damit du die magischen Konstanten für die verschiedenen Quadrate nicht jedes Mal ausrechnen musst, sind sie hier der Reihe nach aufgelistet.

Viele verschiedene Quadrate

Für die meisten magischen Quadrate gibt es mehr als nur eine Lösung. Durch Drehen des fertigen Quadrats oder Spiegeln an einer der vier Symmetrieachsen des Quadrats erhält man schnell acht unterschiedliche Quadrate. Diese Fälle sollen aber außer Acht gelassen werden, denn du lässt schließlich beim Rätseln das Papier mit der Aufgabe ruhig vor dir liegen. Trotzdem gibt es meist verschiedene Lösungsmöglichkeiten. Für ein 3-x-3-Quadrat kann man jedoch nur eine Lösung finden, ein 4-x-4-Quadrat hat schon 880 unterschiedliche Lösungen und bei einem 5-x-5-Quadrat gibt es 275.305.224 Möglichkeiten, die Zahlen sinnvoll einzutragen.

↻ 3-x-3-Quadrat, 4-x-4-Quadrat und 5-x-5-Quadrat

8	1	6
3	5	7
4	9	2

16	3	2	13
5	10	11	8
9	6	7	12
4	15	14	1

1	18	21	22	3
20	14	9	16	6
19	15	13	11	7
2	10	17	12	24
23	8	5	4	25

Fibonacci-Zahlen

Sicherlich kennst du Zahlenrätsel, bei denen du herausfinden musst, welche Zahl als nächste in einer Reihe von Zahlen folgt. Ein einfaches Beispiel ist: 2, 4, 6, …? – Welche Zahl muss anstelle der Auslassungspunkte vor dem Fragezeichen stehen? Die Antwort ist 8, denn von einer Zahl zur nächsten wird immer 2 addiert. In der Mathematik nennt man eine solche Aneinanderreihung von Zahlen, hinter der eine bestimmte Regel steht, Folge. Eine ganz berühmte Folge ist die sogenannte Fibonacci-Folge.

Fibonaccis Rechenregel

🎧 Die ersten Zahlen der Fibonacci-Zahlenreihe

Die beiden ersten Zahlen der Folge sind gegeben. Es sind die 0 und die 1. Die jeweils nächste Zahl ergibt sich dann aus der Addition der beiden vor ihr liegenden Zahlen. Die dritte Zahl der Folge ist also die Summe der ersten Zahl und der zweiten Zahl: $0 + 1 = 1$. Die ersten drei Zahlen lauten nun also 0, 1, 1. Um die nächste Zahl zu bilden, musst du wieder die beiden vorhergehenden – diesmal die zweite und dritte Zahl – addieren: $1 + 1 = 2$. Auf diese Weise erhältst du also eine Folge, deren zehn erste Glieder folgendermaßen aussehen: 0, 1, 1, 2, 3, 5, 8, 13, 21, 34, …
Die drei Punkte am Ende deuten an, dass sich diese Folge unendlich weit fortsetzt. Die einzelnen Zahlen heißen Fibonacci-Zahlen.

⮕ Der italienische Mathematiker Leonardo Fibonacci

Wissenswert!

Der „Vater" der Fibonacci-Zahlen ist der italienische Mathematiker Leonardo Fibonacci (ca. 1180–1241). Er war Rechenmeister in Pisa und verfasste das „Liber abbaci", ein berühmtes Rechenbuch. Außerdem gehörte er zu den ersten Europäern, die das Rechnen mit den arabischen Ziffern (das sind die Ziffern, die wir auch heute verwenden), lernten.

Fibonacci-Zahlen in der Tierwelt

Fibonacci hat sich seine berühmte Zahlenreihe nicht einfach so ausgedacht, weil er damit Schüler ärgern wollte, sondern er hat sie entdeckt, als er über die Fortpflanzung von Kaninchen nachdachte. Er hat sich nämlich überlegt, nach welchem Prinzip sich eine Kaninchenfamilie vermehrt. Unter der Voraussetzung, dass jedes Weibchen pro Monat zwei Junge bekommt, steht dahinter eine Fibonacci-Folge. Wie du an der Skizze erkennen kannst, ist es nämlich so, dass die Anzahl der Kaninchen-paare in einem Monat gleich der Summe der Anzahlen aus den beiden Vormonaten ist.

nach einem Monat

nach zwei Monaten

Die Fortpflanzung eines Kaninchen-paares über mehrere Generationen hinweg ist nicht beliebig, sondern folgt dem Fibonacci-Prinzip.

nach drei Monaten

nach vier Monaten

Fibonacci-Zahlen in der Pflanzenwelt

Später fand man dann heraus, dass Fibonacci-Zahlen in der Natur häufig vorkommen. So findet man diese Zahlen auch wieder, wenn man sich die Blüten vieler Pflanzen genau ansieht. Bei Astern entspricht zum Beispiel die Anzahl der Blütenblätter Zahlen aus der Fibonacci-Reihe: 34, 55 oder 89 Blütenblätter pro Blüte. Auch bei den Schuppen eines Kiefernzapfens kannst du die Fibonacci-Zahlen finden.

Astern blühen im Herbst und es gibt sie in verschiedenen Farben. Aber die Anzahl der Blütenblätter entspricht immer einer Zahl aus der Fibonacci-Reihe.

Der Goldene Schnitt

Geht es dir auch so, dass dir einige Formen und Figuren in der Geometrie – aber auch in der Natur – besser gefallen als andere? Bestimmt! Das liegt nicht nur an deinem persönlichen Empfinden, sondern ganz wesentlich an den Proportionen der jeweiligen Figur. Figuren, die uns besonders gut gefallen, weisen häufig den sogenannten „Goldenen Schnitt" auf.

➲ Die Nautilusschnecke – ein Beispiel für eine perfekt proportionierte Figur in der Natur

Das schönste Längenverhältnis

Ganz allgemein gesagt, bezeichnet der Goldene Schnitt ein besonderes Längenverhältnis zwischen zwei Teilen einer Strecke, wie du an der Skizze ganz gut sehen kannst.

Man spricht dann von einem Goldenen Schnitt, wenn Folgendes gilt: Das Verhältnis der gesamten Strecke (a + b) zur größeren Teilstrecke (a) entspricht dem Verhältnis der größeren Teilstrecke (a) zur kleineren Teilstrecke (b).
Das Ganze kann man natürlich auch in einer Formel ausdrücken.
Die sieht so aus: $a : b = (a + b) : a$

a   b

ca.61,8 %   ca.38,2 %

a+b

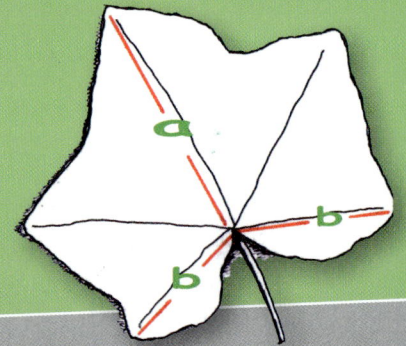

➲ Auch dieses Efeublatt wurde nach dem Prinzip des Goldenen Schnitts gezeichnet.

Mein Experiment:

Der griechische Mathematiker Eudoxos hat einer Legende zufolge Freunden einen Stab gereicht und sie gebeten, denjenigen Punkt auf dem Stab zu kennzeichnen, der ihnen am besten gefiel. Die meisten Freunde haben denselben Punkt gewählt, nämlich die Stelle, die den Stab im Goldenen Schnitt unterteilte. Versuch das doch auch einmal mit deinen Freunden.

Nicht nur Strecken

Der Goldene Schnitt gilt aber nicht nur für das Teilungsverhältnis von Strecken. Du kannst dir auch die Strecken a und b aus der Grafik links als Seitenlängen eines Rechtecks vorstellen. Auch dieses Rechteck weist dann ganz besonders schöne Proportionen auf.

↻ Der berühmte Maler und Erfinder Leonardo da Vinci beschäftigte sich intensiv mit dem Goldenen Schnitt: In der Zeichnung wird deutlich, dass dieses besondere Längenverhältnis auch im menschlichen Körper zu finden ist: Der Nabel teilt die Strecke vom Fuß zum Kopf im Verhältnis des Goldenen Schnitts.

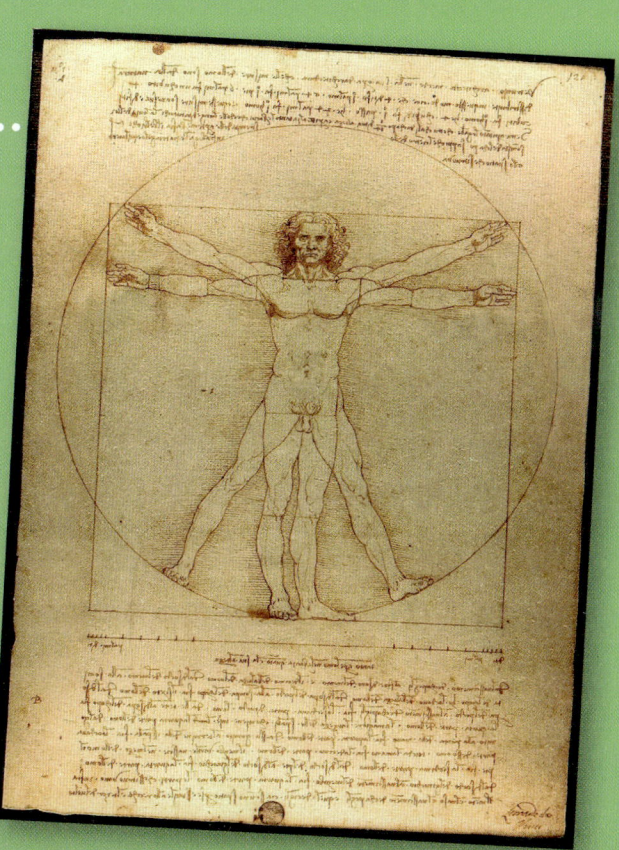

Kunst und Architektur

Der Goldene Schnitt ist nicht nur in der Mathematik zu finden, auch in Kunst und Architektur dreht sich oft alles um dieses tolle Seitenverhältnis. In der Architektur finden ganz besonders die „Goldenen Rechtecke" Verwendung. In der Kunst und auch in der Fotografie verwendet man den Goldenen Schnitt oft, um Bilder zu „komponieren", das heißt, um die einzelnen Bestandteile so zu verteilen, dass das fertige Bild besonders schön aussieht.

Das Pentagramm

Das Pentagramm ist ein uraltes magisches Symbol. Ihm werden schon seit ewigen Zeiten ganz besondere Kräfte zugeschrieben. Das liegt unter anderem daran, dass das Pentagramm eine so „perfekte" Figur ist. Du kannst nämlich zu jeder Strecke und Teilstrecke im Pentagramm einen Partner finden, der mit ihr im Verhältnis des Goldenen Schnitts steht. In der Skizze hier sind es die Seiten a:b und c:d.

↻ Das Pentagramm ist eine Figur, der die Längenverhältnisse des Goldenen Schnitts zugrunde liegen und die uns deshalb so perfekt erscheint.

Was genau ist ein Zahlensystem?

Viele Dinge, die du heutzutage ganz selbstverständlich benutzt, mussten von unseren Vorfahren erst mühsam erfunden und entwickelt werden. Dabei kann man sich heute manchmal gar nicht vorstellen, dass es eine Zeit gab, in der bestimmte Dinge noch gar nicht existierten, und wie man dann auf die Idee gekommen ist, diese zu erfinden. Die Zahlen und die verschiedenen Zahlensysteme gehören dazu.

🎧 Schon in der Steinzeit hatten die Menschen das Bedürfnis, ihren Besitz zu zählen und den Ablauf der Zeit zu verfolgen. Das ist der Ursprung einer langsamen Entwicklung von Zahlwörtern und Zahlensystemen.

Von der Zahl zum System

Irgendwann einmal haben die Menschen angefangen zu zählen. So war es beispielsweise nötig, die Menge des Viehs zu bestimmen. Genau in solch einer Situation haben dann die Zahlen die Bühne betreten. Zunächst wurden beim Zählen Kerben in ein Stück Holz geritzt. Dann nutzte man seine Finger und Zehen beim Zählen. Aber irgendwann haben sich die Zahlen dann selbstständig gemacht. Die Zahlen und die Dinge, die gezählt wurden, haben sich voneinander getrennt. Um aber trotzdem noch sinnvoll mit Zahlen umgehen zu können, brauchte man ein System, das vorgibt, wie man den Wert einer Zahl ermitteln kann. Man erfand im Laufe der Zeit nicht nur eines, sondern gleich mehrere verschiedene Systeme.

⮮ Unsere Finger und Zehen erleichtern uns noch heute das Zählen. Das Zählen mit den Fingern entspricht einem frühen Stadium der Entwicklung von Zahlen.

Hybridsysteme

Im europäischen Raum gibt es keine Hybridsysteme. Bei diesen Systemen geben nämlich bestimmte Zeichen an, welchen Wert die davorstehenden Zahlen haben. Auf unsere Ziffern übertragen würde dann zum Beispiel eine 2 vor dem Zeichen für 10 die Zahl 20 bedeuten. Bekannt sind solche Systeme aus Äthiopien, Sri Lanka und aus der Maya-Kultur.

↪ Am Anfang aller Experimente und Erfindungen steht eine große Portion Neugier.

Additionssysteme

Ein Beispiel für ein Additionssystem sind die Strichlisten, die ihr bei der Klassensprecherwahl an der Tafel macht, wenn ihr die Stimmen auszählt. Hier kommt es nur auf die Anzahl der Striche an, es ist ganz egal, an welcher Stelle ein Strich steht, dieser hat immer den gleichen Wert. Auch das System der römischen Ziffern ist ein Additionssystem, da es nicht wichtig ist, in welcher Reihenfolge die sieben möglichen Ziffern angeordnet sind. Selbst XII, IXI und IIX bedeutet dasselbe – nämlich 12.

↻ Die Strichliste bei der Klassensprecherwahl: ein typisches Additionssystem

Mein Experiment:

Eigenes Zahlensystem erfinden

Mit Zahlensystemen kannst du prima experimentieren. Versuche doch einmal, ein eigenes Zahlensystem zu erfinden. Wenn du jedem Buchstaben im Alphabet eine Zahl aus deinem eigenen System zuordnest und anstelle der Buchstaben die entsprechenden Zahlen aufschreibst, hast du sogar deine eigene Geheimsprache erfunden. Sicher macht es Spaß sich mit dem besten Freund oder der besten Freundin in dieser Sprache zu verständigen und wichtige Geheimnisse auszutauschen.

Positions- und Stellenwertsysteme

In einem Positionssystem (auch Stellenwertsystem genannt) gibt der Ort, an dem eine Zahl steht, den Wert dieser Zahl an. Unser Zahlensystem ist zum Beispiel solch ein Positionssystem. Bei der Zahl 231 wissen wir, dass die 2 die Anzahl der Hunderter, die 3 die Anzahl der Zehner und die 1 die Anzahl der Einer bestimmt.

Das Zehnersystem

Das Zahlensystem, das du am besten kennst, ist das Zehnersystem (oder, wie man es auch nennt: das Dezimalsystem). Das ist nämlich das System, das wir heute im europäischen Raum geschlossen verwenden. Wahrscheinlich hast du dir noch keine großen Gedanken darüber gemacht, aber auch in unserem Zehnersystem stecken eine ganze Menge raffinierter Ideen.

Der Trick mit den neuen Stellen

Nun sind zehn Ziffern schon eine schöne Sache, aber sie allein machen noch kein tolles Zahlensystem aus, denn mit ihnen können wir gerade mal 10 Zahlen darstellen: 0, 1, …, 9. Aber wir wollen ja auch mit größeren Zahlen rechnen. Und da kommt nun der entscheidende Trick des Dezimalsystems, das ja ein Stellenwertsystem ist, wie du auf Seite 83 erfahren hast. Die Zahlen von 0 bis 9 werden mit den bekannten Ziffern dargestellt, bei der Darstellung der 10 nehmen wir dann einfach eine neue Stelle hinzu. Die Zahlen von 10 bis 99 haben also zwei Stellen. Danach kommt wieder eine Stelle hinzu; und mithilfe dieser drei Stellen können wir Zahlen von 100 bis 999 schreiben. Und so geht es immer weiter …

Zehn Finger, zehn Zahlen

Die wichtigsten Bestandteile eines Zahlensystems sind natürlich die Ziffern. Für unser Zehnersystem verwenden wir zehn unterschiedliche Ziffern, nämlich: 0, 1, 2, 3, 4, 5, 6, 7, 8, 9. Man weiß es heute nicht mehr ganz genau, aber wahrscheinlich hat man deshalb ein Zehner- und kein Achtersystem gewählt, weil wir zehn Finger haben.

Wissenswert!

Obwohl die Wahl eines Zehnersystems wegen unserer zehn Finger naheliegend ist, haben einige Völker auch ganz andere Zahlensysteme entwickelt. Die Babylonier rechneten zum Beispiel mit einem System, das auf der Zahl 60 beruhte. Das Zahlensystem der Maya beruhte auf der Zahl 20.

⮰ Unsere Erde ist ein Ort der Vielfalt: Auch wenn wir das Zehnersystem beim Rechnen gewöhnt sind und es inzwischen zum weltweiten Standard geworden ist, ist es nicht das einzige auf der Welt.

Der Stellenwert ist entscheidend

Dass die ganze Sache so gut funktioniert, liegt daran, dass jede der Stellen einen bestimmten Wert hat. Ganz rechts sind die Einer, links daneben liegen die Zehner, dann kommen die Hunderter usw. 237 bedeutet also: 2 Hunderter, 3 Zehner und 7 Einer. Ein solches System nennt man Stellenwert- oder Positionssystem.
Das Zehnersystem wurde im 5. Jahrhundert in Indien entwickelt. Es dauerte aber noch bis ins 12. Jahrhundert, bis es sich auch in weiten Teilen Europas durchgesetzt hatte. Diese Ziffern, die wir verwenden, nennt man übrigens „arabische Ziffern".

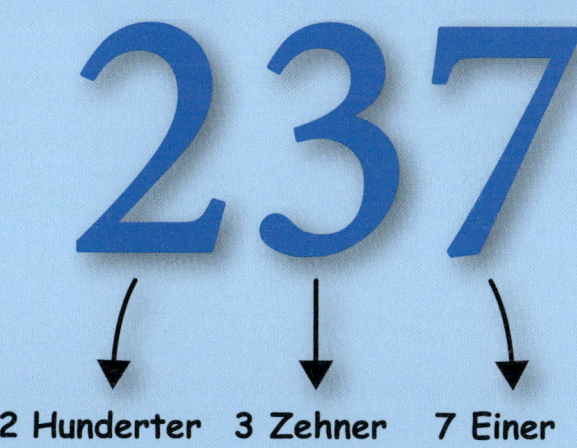

2 Hunderter   3 Zehner   7 Einer

🎧 Alles hat seinen Platz im Positionssystem.

Milliarden			Millionen			Tausender			Hunderter		
HMrd	ZMrd	Mrd	HM	ZM	M	HT	ZT	T	H	Z	E
		6	8	0	0	5	0	0	2	0	1

🎧 Ein Beispiel für eine Stellenwerttafel, die große Zahlen übersichtlicher macht. Sechsmilliardenachthundertmillionenfünfhunderttausendzweihunderteins Menschen leben in etwa auf der Erde.

Das Binärsystem

Die Grundlage unseres Zahlensystems, des Dezimalsystems also, sind die zehn Ziffern 0 bis 9. Es ist für uns sehr praktisch, mit diesem System zu rechnen (nicht zuletzt, weil wir zehn Finger haben). Aber es geht natürlich auch anders. Ein Zahlensystem, das erst seit einigen Jahrzehnten durch die Computertechnik sehr wichtig geworden ist, ist das Binärsystem.

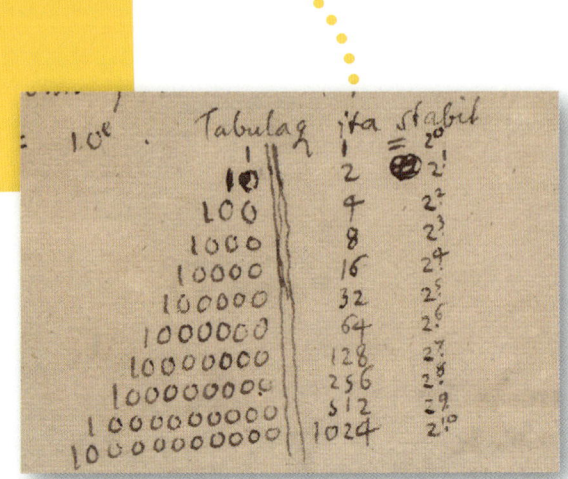

🎧 Das Binärsystem in einem Entwurf des Mathematikers und Philosophen Gottfried Wilhelm Leibnitz.

Nur zwei Ziffern

Der große Unterschied zwischen Binärsystem und Dezimalsystem ist, dass im Binärsystem nur zwei Ziffern verwendet werden, nämlich die 1 und die 0. Damit lassen sich ganz problemlos die Zahlen 0 und 1 darstellen; um die 2 darstellen zu können, muss aber bereits eine neue Stelle eingeführt werden. Im Binärsystem schreibt man die 2 als 10. Die 3 wäre dann 11 und die 4 erfordert wieder eine neue Stelle und wird als 100 geschrieben.

⮱ Ein ganzes Zahlensystem, das mit nur zwei Ziffern auskommt: der 1 und der 0. Man spricht daher von einem Zahlensystem mit der Basis 2.

Wissenswert!

Sprache für den Umgang mit Computern

Das Binärsystem wird verwendet, um mit Computern zu arbeiten. Dort bedeutet die 1 dann „Strom fließt" und die 0 „kein Strom fließt". Alle Zahlen und Zeichen, die wir kennen, kann man als eine Reihe von Einsen und Nullen darstellen. Auf diese Weise schafft man es, dass die Computer „verstehen", was wir von ihnen wollen.

🔵 Mit dem Binärsystem hat man quasi eine Sprache für Computer geschaffen. Dass sie sich miteinander unterhalten, kommt dagegen nur im Comic vor.

Der Trick mit der kleinen 2

Aber woran kannst du bei dem Zeichen 100 nun erkennen, dass die 4 im Binärsystem gemeint ist und nicht die 100 im Dezimalsystem? Damit man nicht mit den verschiedenen Systemen durcheinandergerät, hat man sich einen kleinen Trick ausgedacht. Man schreibt nämlich eine Binärzahl mit einer kleinen 2 rechts unten hinter der Zahl. Das sieht dann so aus: 100_2 Wenn du eine so geschriebene Zahl siehst, kannst du davon ausgehen, dass es sich um eine Zahl im Binärsystem handelt.

Die Stellenwerttafel

Den Wert einer Binärzahl – zum Beispiel 11011001_2 - kannst du schnell mithilfe einer Stellenwerttafel ermitteln. In die obere Zeile schreibt man dabei den Wert der einzelnen Stellen (er ist vorgegeben), darunter die Zahl. Der Wert der einzelnen Stellen ist im Dezimalsystem ein Vielfaches von 10, im Binärsystem ein Vielfaches von 2. Für die Zahl im Beispiel sieht die Stellenwerttafel so aus:

128	64	32	16	8	4	2	1
1	1	0	1	1	0	0	1

Nun musst du nur noch rechnen, und zwar: 128 + 64 + 0 + 16 + 8 + 0 + 0 + 1 = 217

Das Oktalsystem

Die Idee, die hinter Zahlensystemen wie unserem Dezimalsystem oder auch dem Binärsystem steckt, ist immer die gleiche: Es gibt, je nach Zahlensystem, eine unterschiedliche Anzahl von Ziffern. Welchen Wert eine Ziffer hat, hängt dabei von ihrer Stelle ab. Ziffern, die weiter links stehen, haben einen größeren Wert als Ziffern, die weiter rechts stehen. Wenn du dieses Prinzip verstanden hast, kannst du jedes Stellenwertsystem durchschauen.

Die Acht ist die Basis

Spielt im Dezimalsystem, das wir zum täglichen Rechnen verwenden, die 10 eine besondere Rolle (wir haben zehn unterschiedliche Ziffern – von 0 bis 9), so ist das im Oktalsystem die 8. Man sagt deshalb auch: Das Oktalsystem ist ein Zahlensystem zur Basis 8. Warum das so ist, kannst du dir jetzt vielleicht schon denken. Anders als im Dezimalsystem kennt das Oktalsystem nur acht Ziffern, nämlich 0, 1, 2, 3, 4, 5, 6, und 7.

Mit der 8 wird alles anders

Wenn du Zahlen im Oktalsystem schreibst, unterscheiden sich die Ziffern von 0 bis 7 nicht von denjenigen im Dezimalsystem. Aber mit der 8 wird dann alles anders. Die sieht im Oktalsystem so aus: 10. „Aber das ist doch eine 10!", wirst du dich jetzt verwundert fragen. Sie sieht auch tatsächlich so aus, wird aber anders gelesen. Die Zahl ganz rechts bezeichnet die Einer. Die Zahl daneben die Achter (und nicht die Zehner wie im Dezimalsystem). 10 bedeutet also „übersetzt": ein Achter und null Einer. Die nächste Zahl, die Neun, besteht demnach aus einem Achter und einem Einer (denn 8 + 1 = 9) und wird 11 geschrieben. Die nächste Stelle neben den Achtern gehört schon den 64ern (wegen 8 · 8 = 64). 111 im Oktalsystem ist also ein 64er + ein Achter + ein Einer = 73.

Keine Verwechslung möglich!

Der letzte Absatz hat dich vielleicht ein wenig verwirrt. Menschen, die öfter im Oktalsystem denken, verwechseln es allerdings nicht so leicht mit unserem Zehnersystem. Aber auch für alle anderen sind Zahlen im Oktalsystem klar gekennzeichnet – nämlich durch eine kleine Acht rechts unterhalb der Zahl. Das sieht dann folgendermaßen aus: 11_8.

Dezimalzahlen	0	1	2	3	4	5	6	7	8	9
Oktalzahlen	0	1	2	3	4	5	6	7	10	11

Wissenswert!

Das Oktalsystem ist noch gar nicht so furchtbar alt. Es wurde im 17. Jahrhundert in Schweden erfunden. Man erzählt sich, dass der damalige schwedische König Karl XII. dabei ganz ordentlich mitgemischt hat. Außer ihm waren natürlich noch einige Wissenschaftler beteiligt.

➲ König Karl XII. von Schweden gilt als einer der Urheber des Oktalsystems. Er regierte von 1697 bis 1718.

Einsatz in Computern

Auch das Oktalsystem wird zur Programmierung von Computern eingesetzt. Manche Computer funktionieren nicht mit dem Betriebssystem Windows, sondern mit UNIX. Dort findet man das Oktalsystem immer wieder. Auch verschiedene Programmiersprachen setzen auf die Acht, wenn es um Zahlen geht.

🗢 Wir nutzen das Oktalsystem oft, ohne es zu wissen: In der Computertechnik findet es seine Anwendung und auch in der Luftfahrt spielt es eine wichtige Rolle.

Das Hexadezimalsystem

Im Namen „Hexadezimalsystem" sind zwei Zahlwörter versteckt, nämlich das griechische „hexa" (= sechs) und das lateinische „decem" (= zehn). Wenn du das weißt, hast du sicher schon bald eine Idee, welche Zahl in diesem System die entscheidende Rolle spielt – richtig, es ist die 16.

↻ Unser Leben ist komplett von moderner Technik durchdrungen, daher sind Zahlensysteme zur Datenverarbeitung so wichtig.

16 unterschiedliche Ziffern

Das Hexadezimalsystem ist also ein Zahlensystem zur Basis 16. Das bedeutet, dass du es hier nicht nur mit zehn Ziffern zu tun hast, sondern gleich mit 16. Du fragst dich nun bestimmt, wie man denn bitteschön 16 verschiedene Ziffern darstellen soll, wenn wir doch nur die zehn Ziffern 0 bis 9 zur Verfügung haben. Die Antwort ist viel einfacher, als du vielleicht denkst. Man nimmt die ersten sechs Buchstaben des Alphabets dazu. Die 16 Ziffern, die die Grundlage des Hexadezimalsystems bilden, lauten also: 0, 1, 2, 3, 4, 5, 6, 7, 8, 9, A, B, C, D, E, F. Hierbei werden die Buchstaben manchmal auch klein geschrieben. Um zu kennzeichnen, dass es sich bei einer Zahl um eine Hexadezimalzahl handelt, schreibt man sie oft so: $1F_{16}$ Manchmal schreibt man anstelle der 16 auch ein kleines *hex*.

Vielfache der 16

Auch im Hexadezimalsystem haben die einzelnen Stellen einen besonderen Wert. Die Stelle ganz rechts bezeichnet dabei die Einer, links daneben liegen die 16er und wiederum links daneben kommen schon die 256er. Die Zahl 11F im Hexadezimalsystem entspricht also einem 256er + einem 16er + 15 Einer = 287. Käme nun noch eine Stelle links hinzu, hätte diese schon den Wert 4096.

Wissenswert!

Im Gegensatz zu vielen anderen Zahlensystemen ist das Hexadezimalsystem keine uralte Angelegenheit, sondern eine Erfindung der Neuzeit. Da dieses Zahlensystem besonders für die Computertechnik wichtig ist, wurde es auch erst im Zusammenhang damit entwickelt.

Dezimal	Binär	Oktal	Hexadezimal
0	0	0	0
1	1	1	1
2	10	2	2
3	11	3	3
4	100	4	4
5	101	5	5
6	110	6	6
7	111	7	7
8	1000	10	8
9	1001	11	9
10	1010	12	A
11	1011	13	B
12	1100	14	C
13	1101	15	D
14	1110	16	E
15	1111	17	F
16	10000	20	10

⮑ Umrechnungstabelle zwischen Dezimal-, Binär-, Oktal- und Hexadezimalsystem

Große Zahlen, wenige Stellen

Wie du siehst, kann man mit diesem Zahlensystem große Zahlen mit wenigen Stellen darstellen. Das bedeutet auch, dass dieses System, wenn man sich einmal daran gewöhnt hat, viel leichter zu lesen und schneller zu schreiben ist als viele andere Systeme. Deshalb wird in der Computertechnik oft das Hexadezimalsystem anstelle des Binärsystems verwendet. Das geht aber nur deshalb so gut, weil diese beiden Zahlensysteme eng miteinander verwandt sind.

Das Duodezimalsystem

Du bist bestimmt schon ganz verwundert, dass es so viele unterschiedliche Zahlensysteme gibt. Für uns ist sicherlich das Dezimalsystem, in dem wir im Alltag und in der Schule rechnen, am allerwichtigsten. Computerexperten bauen dagegen eher auf das Binär- oder das Hexadezimalsystem. Und für viele Menschen und Kulturen hat das Duodezimalsystem eine ganz besondere Bedeutung.

⮑ Das Jahr hat zwölf Monate. Der Begriff „Monat"
geht auf den Mond zurück, weil er ungefähr zwölf
Mal innerhalb eines Jahres die Erde umkreist.

Die 12, eine besondere Zahl

Das Duodezimalsystem ist ein Zahlensystem, das auf der Zahl 12 aufbaut. Diese Zahl ist nicht irgendeine Zahl wie alle anderen, sondern nimmt eine besondere Stellung ein. Beispielsweise gibt es einen eigenen Begriff für 12, das Dutzend. Außerdem hat unser Jahr 12 Monate und der Tag 2 mal 12 Stunden. Wenn du die Tierkreiszeichen einmal durchzählst, kommst du ebenfalls auf 12. Das alles ist natürlich kein Zufall, sondern kommt daher, dass die 12 für die Menschheit schon immer eine besondere Zahl war.

Wissenswert!

Man kann die Besonderheit der Zahl 12 auch mathematisch begründen. Die 12 lässt sich nämlich durch ziemlich viele Zahlen teilen (1, 2, 3, 4 und 6). Deshalb hat man sie früher gern bei der Größeneinteilung verwendet.

⮏ 24 Stunden, das heißt 2 x 12 Stunden, braucht die Erde, um sich einmal um sich selbst zu drehen. Dabei gibt es immer eine Seite, die der Sonne zugewandt und eine, die von der Sonne abgewandt ist. So entstehen Tag und Nacht.

12 unterschiedliche Zahlen

Wenn du von 1 bis 12 zählst, fällt dir sicherlich auf, dass jede Zahl ganz anders ist als ihre Vorgängerin. Du sagst zum Beispiel „elf", obwohl doch eigentlich „einszehn" logisch wäre und „zwölf" anstelle von „zweizehn". Ab der „dreizehn" wird dann alles wieder ganz regelmäßig. Auch das zeigt die herausragende Stellung der Zwölf an und weist auf das Duodezimalsystem – oder auch Zwölfer-system – als besonderes Zahlensystem hin. Dennoch konnte es sich als allgemeines System zum Rechnen nie durchsetzen. Hierzu war das Dezimalsystem immer praktischer. Allerdings findet man es bei manchen älteren Maßen im Handelswesen, zum Beispiel beim Dutzend (das sind 12 Stück) oder bei ausländischen Maßen wie Fuß (das sind 12 Zoll).

↻ Im englischen Sprachraum wird in Zoll gemessen und Zoll heißt auf Englisch Inch. Du siehst hier: 2 Inch sind etwa 5,1 Zentimeter.

Symbole für 11 und 12

Das Duodezimalsystem verwendet die Ziffern 0–9, so wie du sie kennst, und zwei weitere Symbole für 10 und 11. Hier gibt es zwei Schreibweisen: Früher nutzte man für die 10 ein X und für die 11 ein E. Heutzutage wird die 10 meistens so geschrieben: #.

Mein Experiment:

Das Duodezimalsystem eignet sich auch prima zum Rechnen und Abzählen mit den Fingern. Du brauchst dazu nur vier Finger mit jeweils drei Fingergliedern und kannst schon von 1 bis 12 abzählen. Versuch doch einfach einmal herauszufinden, wie man mit den Fingergliedern auch einfache Rechnungen bewerkstelligen kann.

Leonhard Euler

Der Schweizer Mathematiker Leonhard Euler zählt wohl zu den fleißigsten Gelehrten überhaupt. Es gibt insgesamt 866 Publikationen von ihm – und die meisten Schriften sind entstanden, als Euler schon erblindet war. Aber er hat nicht nur besonders viele, sondern auch viele besonders gute Sachen geschrieben.

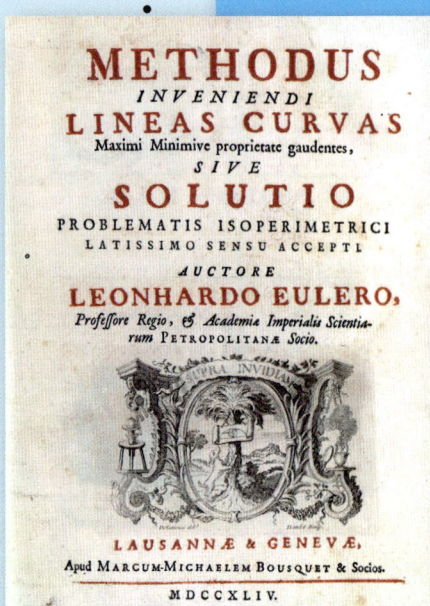

🎧 Im 18. Jahrhundert war es noch üblich, wissenschaftliche Werke in lateinischer Sprache zu verfassen. Wie du siehst, hat auch Leonhard Euler das getan.

St. Petersburg und Berlin

Geboren wurde Leonhard Euler im Jahr 1707 in Basel. Dort wuchs er auf und ging zur Schule. Auch die Universität besuchte er noch in seiner Geburtsstadt. Dann aber wurde er von einem anderen Wissenschaftler an die Universität im russischen St. Petersburg berufen. Dort blieb er von 1727 bis 1741. Auch der preußische König Friedrich II. hatte von Eulers tollen Leistungen gehört und er schaffte es, den Mathematiker nach Berlin zu holen. Euler blieb 25 Jahre dort, bevor er doch wieder nach St. Petersburg zurückkehrte. 17 weitere Jahre lebte und arbeitete er dort, bevor er im Jahr 1783 starb.

Die eulersche Zahl

Nicht jeder Mathematiker hat das Glück, allein schon deshalb unsterblich zu werden, weil eine wichtige Zahl nach ihm benannt wurde. Leonhard Euler hatte dieses Glück. Er entdeckte diese besondere Zahl, nannte sie sogar selbst eulersche Zahl und kürzte sie auch gleich mit dem Buchstaben e ab. Die eulersche Zahl ist, ähnlich wie die Kreiszahl π, eine Zahl mit unendlich vielen Nachkommastellen (sie zählt zu den irrationalen Zahlen). Ihr Wert ist 2,718181... . Es gibt viele – recht komplizierte – mathematische Berechnungen, die ohne die eulersche Zahl nicht oder nur noch viel komplizierter möglich wären. So braucht man sie zum Beispiel in der Zinsrechnung oder auch, um den Zerfall von radioaktiven Elementen berechnen zu können.

Der Schweizer Mathematiker Leonhard Euler war von 1976 bis 1995 auf der 10-Franken-Note abgebildet.

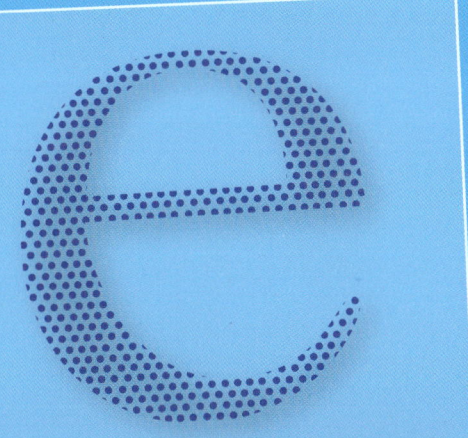

Mehr als nur eine Zahl

Leonhard Euler wäre wahrscheinlich schon als großer Mathematiker in die Geschichte eingegangen, wenn er „nur" die Zahl e entdeckt hätte. Aber er hat noch viel mehr geleistet. Viele Symbole, die man heute in der Mathematik verwendet, stammen von ihm. Außerdem gilt er als Begründer des mathematischen Fachgebiets der Analysis und beschäftigte sich mit der sogenannten Differenzial- und Integralrechnung, zwei mathematischen Fachgebieten, die unter anderem in der modernen Physik sehr wichtig sind. Er war so produktiv, dass er im Laufe seines Lebens 866 mathematische Schriften und andere Texte veröffentlichte. Nach seiner Erblindung 1771 halfen ihm seine drei Söhne sowie sein Sekretär.

Wissenswert!

Die eulersche Zahl ist übrigens nicht die einzige mathematische Errungenschaft, die Leonhard Eulers Namen trägt. So gibt es beispielsweise in der Geometrie einen „Satz von Euler", dann die „eulersche Reihe", den „eulerschen Winkel" und vieles mehr. Manches davon konnte er bereits selbst beweisen, anderes hat er entdeckt, aber der Beweis gelang erst viel später einem anderen Mathematiker.

Wie rechnet man zwischen den Zahlensystemen um?

In den letzten Kapiteln hast du jede Menge unterschiedlicher Zahlensysteme kennengelernt. Zum Glück wirst du im Alltag hauptsächlich dem Dezimalsystem begegnen, in dem du dich gut auskennst und wo dir das Rechnen nicht schwerfällt. Es kann aber immer mal wieder vorkommen, dass du auf Werte eines anderen Zahlensystems stößt. Dann ist es nützlich zu wissen, wie du zwischen den Zahlensystemen umrechnen kannst.

🎧 Kaum ein Lebensbereich kommt ohne Zahlen aus.

Bevor es aber ans Umrechnen geht, wollen wir hier noch einmal ein paar wichtige Begriffe kurz erklären. Wenn du diese Begriffe kennst, fällt es dir viel leichter zu verstehen, wie die Umrechnung funktioniert.

Die Basis

Die Basis eines Zahlensystems ist die Zahl, auf der das entsprechende System aufbaut. Die Basis des Dezimalsystems ist die 10. Diejenige des Oktalsystems ist die 8. Das Binärsystem, das nur die beiden Ziffern 0 und 1 umfasst, hat die Basis 2. Und das Hexadezimalsystem, das 16 unterschiedliche Ziffern kennt, ist ein System zur Basis 16.

↻ Auf diesen Ziffern bauen die einzelnen Zahlensysteme auf.

Stellenwertsysteme

Die Zahlensysteme, mit denen du dich in diesem Buch hauptsächlich beschäftigst, sind sogenannte Stellenwertsysteme. Damit ist gemeint, dass die Position, an der eine Zahl steht, ihren Wert bestimmt. Im Dezimalsystem hat man zum Beispiel Einer, Zehner, Hunderter und so weiter. Je nachdem, an welcher Stelle eine Ziffer – sagen wir einmal die 2 – steht, ist sie 2, 20, 200 und so weiter wert. In der Zahl 222 nimmt die 2 also gleich drei verschiedene Werte – je nach Stelle oder Position – an. Daher nennt man dieses System manchmal auch Positionssystem.

Stellenwerttafel

Eine Stellenwerttafel ist eine Tabelle, die dir genau anzeigt, welchen Wert welche Stelle im Zahlensystem hat. Ganz rechts steht dabei der niedrigste Stellen-wert, nach links hin wird die Wertigkeit immer größer. Eine Stellenwerttafel für das Dezimalsystem sieht folgendermaßen aus:

100.000er	10.000er	1000er	100er	10er	1er
2	5	7	3	1	1

Eingetragen ist hier die Zahl 257.311. Häufig schreibt man die obere Zeile, die hier rot hinter-legt ist, verkürzt in der sogenannten Exponential-schreibweise. Dann steht ganz rechts nicht mehr „1er", sondern „10^0". Für die 10er schreibt man 10^1, Hunderter sind 10^2 und so geht es weiter. Immer, wenn man einen Schritt nach rechts geht, erhöht sich der Exponent der Potenz um 1 (vergleiche hierzu auch die Seiten 52 und 53). Das Tolle ist: Das Prinzip dieser Tafel ist für alle Zahlensysteme gleich, nur die Basis (= Ziffern mit roter Hinterlegung), die potenziert wird, ändert sich. Für das Binärsystem stünde also in der ersten Zeile von rechts nach links: 2^0, 2^1, 2^2 usw.

↻ Ein Abakus, wie man ihn heute in vielen Kinderzimmern findet.

Wissenswert!

Der Abakus beruht auf dem Stellenwertsystem

Der Abakus oder Rechenrahmen besteht aus 10 x 10 Perlen, die an 10 Stäb-chen aufgezogen sind. Hier begegnet sie dir also wieder – die Basis 10, die dich auf unser Dezimalsystem hinweist. Stellst du eine bestimmte Zahl auf dem Abakus ein, dann gehst du im Grunde so vor wie bei der Stellenwerttafel. Das unterste Stäbchen stellt die Einer dar. Hier schiebst du beispielsweise für die Zahl 231 eine Kugel nach rechts. Das zweite Stäbchen von unten steht für die Zehner, hier schiebst du drei Kugeln nach rechts und so weiter.

Gibt es noch weitere Zahlensysteme?

Umrechnung ins Dezimalsystem

Um den Wert einer Zahl in einem beliebigen Zahlensystem, das du noch nicht so gut kennst, besser abschätzen zu können, ist es sehr nützlich, diesen schnell in das Dezimalsystem umzurechnen. Mithilfe der Stellenwerttafeln geht das auch ganz schnell und ziemlich einfach. Dabei ist es der wichtigste Schritt, zunächst die Tafel aufzustellen.

Stellenwerttafel aufstellen

Du brauchst dafür so viele Tabellenspalten, wie die Zahl, die du umrechnen möchtest, Stellen hat. Eine fünfstellige Zahl braucht also fünf Spalten. Ganz rechts stehen immer die Einer – oder anders ausgedrückt – der Wert $Basis^0$, dann kommt als Wert die Basis, also $Basis^1$, danach $Basis \cdot Basis = Basis^2$ und so weiter. Für das Binärsystem sieht die Stellenwerttafel also folgendermaßen aus:

$2^4 = 16$	$2^3 = 8$	$2^2 = 4$	$2^1 = 2$	$2^0 = 1$
1	1	0	0	1

Den Dezimalwert der eingetragenen Zahl kannst du nun ganz einfach mit dieser Rechnung bestimmen:

$$1 \cdot 16 + 1 \cdot 8 + 0 \cdot 4 + 0 \cdot 2 + 2 \cdot 1 = 26$$

Die Berechnung geht für jede andere Basis ebenso einfach. Hier musst du dann die 2 natürlich durch den entsprechenden anderen Basiswert ersetzen.

Auch Geldbeträge lassen sich gut mithilfe einer Stellenwerttafel darstellen: Nehmen wir zum Beispiel den Betrag 522,15 €:

Hunderter	Zehner	Einer	Zehntel	Hundertstel
5	2	2	1	5

Die Zehntel und Hundertstel erscheinen als Nachkommastellen der Dezimalzahl 522,15.

Umrechnung in ein anderes System

Wenn du eine Dezimalzahl in ein anderes Zahlensystem umrechnen willst, teilst du die Zahl durch die Basis des Systems, in das du umrechnen möchtest, und notierst den Rest. Nimm an, du willst die Zahl 42.433 in das Oktalsystem (zur Basis 8) umrechnen. Das geht also so:

$$42433 : 8 = 5304 \; R1$$
$$5304 : 8 = 663 \; R0$$
$$663 : 8 = 82 \; R7$$
$$82 : 8 = 10 \; R2$$
$$10 : 8 = 1 \; R2$$
$$1 : 8 = 0 \; R1$$

Das Ergebnis kannst du nun von unten nach oben ablesen: 122701_8.

Auch diese Berechnung funktioniert mit jeder Basis. Dann musst du natürlich die 8 durch die entsprechende Zahl ersetzen.

Wissenswert!

Die Umrechnung einer Zahl in verschiedene Zahlensysteme ändert natürlich nichts am Wert dieser Zahl. Lediglich die Schreibweise ist anders. Im Grunde müsste es also egal sein, ob du 10 Eier im Dezimalsystem oder 1010 Eier im Binärsystem kaufst – solange der Händler beide Zahlensysteme auch beherrscht.

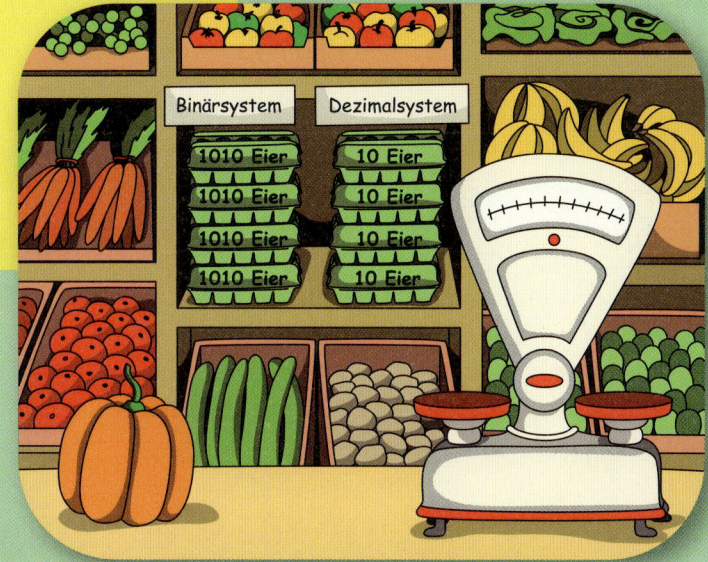

⮑ Das wirst du wohl in keinem Gemüseladen finden: Eier, die nach dem Binärsystem abgezählt sind.

Zählen

Ohne Mathematik ist unser tägliches Leben kaum noch vorstellbar. Es gäbe zum Beispiel überhaupt keine elektronischen Geräte, da die Mathematik für all diese Erfindungen die Grundlagen legte. Aber man muss gar nicht an so komplizierte Dinge denken. Auch ganz alltägliche Handlungen haben etwas mit Mathematik zu tun – das Zählen zum Beispiel.

Mein Experiment:

In jedem Haushalt gibt es eine Menge Dinge, die man zählen kann. Geh doch einfach mal in eure Küche und schreibe auf, was man dort alles zählen kann. Überlege dir auch, welche Sachen du wirklich gut zählen kannst und bei welchen es vielleicht zu mühselig wäre. Manches kann man auch gar nicht zählen, zum Beispiel die Milch im Topf.

◖ Die Anzahl der Salzkörner im Salzfass lässt sich wirklich schwer bestimmen.

Zählen ist der Anfang

Auch du hast dich schon mit Mathematik beschäftigt, lange bevor du in die Schule gekommen bist. Den Anfang aller Mathematik stellt nämlich das Zählen dar. Das war schon vor vielen Tausend Jahren so. Damals ging es meist darum, festzustellen, wie viel Vieh man hatte. Und das ging nur, indem man es zählte – damit war die Mathematik geboren. Auch kleine Kinder fangen irgendwann an zu zählen. Oft nehmen sie dazu die eigenen Finger. Auch Spielzeugautos und Bauklötze eignen sich prima zum Abzählen. Frag einfach einmal deine Eltern, was du früher so alles gezählt hast. Du wirst dich wundern ...

⮑ Kleine Mathematiker: Beim Spielen müssen wir oft etwas zählen und mit dem Zählen hat in der Mathematik alles begonnen.

Zählen ist einfaches Addieren

Immer wenn du zählst, rechnest du einfache Mathe-aufgaben – meist, ohne dies richtig zu bemerken. Beim normalen Abzählen, wenn du jedes Element beachtest, addierst du jeweils die 1 zu der Anzahl, die du bereits gezählt hast, hinzu. Und das machst du so lange, bis nichts mehr zum Zählen vorhanden ist. Du kannst natürlich auch zählen, indem du immer zwei Dinge aus der Menge gleichzeitig beachtest, dann hast du es mit immer wiederkehrenden Additionen von 2 zu tun.

⮥ Selbst kleine Kinder vollziehen schon diese einfachen Additionsaufgaben, wenn sie beispielsweise Steine sammeln und diese dann immer wieder stolz abzählen.

Abzählreime

Zählen ist auch bei vielen Spielen notwendig; zum Beispiel, wenn es darum geht, eine be-stimmte Anzahl von Feldern voranzuziehen, oder wenn du eine Auswahl treffen sollst (Wel-ches Bonbon esse ich zuerst?). Im letzten Fall verwendest du vielleicht auch Abzählreime wie: „Ene, mene Miste; es rappelt in der Kiste; ene, mene, meck und du bist weg." Auch dort spielt – der Name sagt es ja schon – das Zählen eine wichtige Rolle.

🎧 Zählen zum Zeitvertreib: Im Spiel „Mensch ärgere dich nicht!" steckt vielleicht mehr Mathematik, als du gedacht hast.

Wissenswert!

Kennst du „Schäfchen zählen"? Manchmal fällt es einem schwer, abends einzuschlafen. Es gibt Menschen, die sich dann eine große Schafherde vorstellen und an-fangen, die Schäfchen zu zählen. Das soll beim Einschlafen helfen, da das gleichförmige Abzählen ähnlich aussehender Schafe schnell müde macht.

⮔ Anne beim Schäfchen-Zählen

Messen

Wie du bereits erfahren hast, war das Zählen die erste mathematische Tätigkeit des Menschen. Erstaunlich viele Dinge lassen sich schon durch reines Abzählen herausfinden. Eine weitere, ganz grundlegende Tätigkeit in der Mathematik ist das Messen.

Messen ist Vergleichen

Um so scheinbar einfachen Dingen wie dem Messen wissenschaftlich auf die Spur zu kommen, muss man sich einmal klarmachen, was dabei eigentlich passiert. Wenn du wissen möchtest, wie lang dein Bett ist, nimmst du einen Meterstab und misst es aus. Aber was machst du dabei eigentlich genau? Du nimmst den Meterstab mit den Zentimeterangaben und legst ihn neben dein Bett. Dann vergleichst du die Länge des Bettes mit der Skala auf dem Meterstab und kannst so herausfinden, wie lang das Bett ist. Das Ergebnis hängt dabei von zwei Dingen ab: zum einen von deinem Bett und zum anderen von der Skala auf dem Meterstab. Bei einer Zentimeterskala erhältst du ein Ergebnis in Zentimetern, wenn nur Millimeter dort verzeichnet sind, erhältst du ein Ergebnis in Millimetern. Messen ist also Vergleichen.

⊃ Mit Maßband oder Meterstab die Welt entdecken. Wenn du das ab und zu machst, dann gewinnst du einen Eindruck von der Größe der Dinge, die dich umgeben.

Maßeinheiten

Du hast ja eben erfahren, dass Messen Vergleichen ist. Die sogenannte Maßeinheit ist dabei die Vergleichsgröße. Man weiß, wie groß eine Maßeinheit (zum Beispiel ein Zentimeter) ist, und kann nun das Stück, das man messen möchte, mit dieser Einheit vergleichen. Es gibt ganz viele verschiedene Maßeinheiten. Du findest Maßeinheiten für die Länge, für den Rauminhalt von Gefäßen, für den Luftdruck und für vieles mehr.

⊃ Marie findet es spannend, zu sehen, wie viele Zentimeter sie im Laufe eines Jahres wächst. Sie notiert sich die Messergebnisse auf einer Messlatte in ihrem Zimmer.

Wissenswert!

Längen werden in Millimetern (mm), Zentimetern (cm), Dezimetern (dm) und Metern (m) gemessen. Um von einer kleineren Größe in die nächst-größere umzurechnen (zum Beispiel von Millimeter in Zentimeter), musst du einfach durch 10 teilen:

$$10 \text{ mm} = 1 \text{ cm}$$
$$10 \text{ cm} = 1 \text{ dm}$$
$$10 \text{ dm} = 1 \text{ m}$$

Messfehler

Beim Messen muss man sehr sorg-fältig vorgehen, damit sich keine Fehler einschleichen. Manche Fehler bemerkt man schnell (zum Beispiel, wenn man seine Körpergröße messen möchte, und es kommen 3 Meter dabei heraus), bei anderen Fehlern muss man lange rätseln. Das ist be-sonders bei neuen wissenschaftlichen Erkenntnissen so. Wenn man dort nicht ganz sorgfältig vorgeht, kann ein Messfehler eine Menge Aufregung verursachen.

Mein Experiment:

Miss doch einmal selbst: Wie groß ist die Fläche deines Zimmers? So gehst du vor: Zuerst misst du mit einem Meterstab die eine Seite (Breite), dann die andere Seite (Länge). Dann multipli-zierst du beide Werte miteinander. Achte darauf, dass du immer nur mit einer Maßeinheit rech-nest, also Zentimeter mit Zentimeter oder Meter mit Meter multiplizierst. Am Ende erhältst du den Flächeninhalt deines Zimmers. Die Maß-einheit für eine Fläche ist Quadratmeter (m^2).

◖ Gerade wenn man eine neue Wohnung beziehen möchte, muss man einige Flächen ausmes-sen, um zu sehen, an welche Stelle der Schrank oder das Bett am besten passt.

◖ Beim Backen und Kochen musst du häufig etwas mit dem Messbe-cher messen; die Einheit ist hierbei Liter beziehungs-weise Milliliter (1000 ml = 1 l)

Wissenswert!

Die „Spinatlüge" – ein Messfehler

Vor einigen Jahrzehnten gab es eine große Aufregung infolge eines Messfehlers. Die Medien verbreiteten, Spinat enthalte sehr viel Eisen und sei vor allem aus diesem Grund gesund. Später stellte man fest, dass er gar nicht besonders viel Eisen enthält. Man hatte sich damals einfach vermessen: Statt 3,6 mg Eisen in 100 g Spinat hatte man ver-sehentlich 36 mg gemessen.

Alte Maße

…bitte ein Pfund Hackfleisch!

?

Die Maße, die wir heute ganz selbstverständlich benutzen, waren früher – als deine Großeltern in deinem Alter waren – nicht bekannt. Dafür wurden andere Maße verwendet, die man heute kaum noch kennt. Manche von diesen Maßen werden noch in unserer Alltagssprache verwendet, ohne dass du dir eine bestimmte Menge unter dem jeweiligen Ausdruck vorstellen kannst. So bestellt vielleicht deine Oma beim Metzger noch 1 Pfund Hackfleisch statt 500 Gramm.

↻ Manche alten Maße werden heute noch von der Generation der Großeltern aktiv verwendet, die Generation der Eltern versteht gerade noch, was damit gemeint ist, und die Kinder haben keine Ahnung, wovon gesprochen wird.

Längenmaße

Bei den Längenmaßen hatte man früher (vor mehreren Hundert Jahren) ein völlig anderes System als heute. Eines der kleineren Längenmaße war der Fuß. Dabei entsprach die Länge eines Fußes tatsächlich der Länge des Fußes von demjenigen, der gemessen hat. Manchmal gab es so etwas wie Durchschnittswerte, doch auch die waren sehr unterschiedlich. So war der Fuß in Hessen 25 Zentimeter lang, in Sachsen dagegen maß er 42,95 Zentimeter. Eine weitere dieser „seltsamen" Einheiten war die Elle. Sie bezeichnete den Abstand zwischen dem Ellenbogen und der Mittelfingerspitze. Je nach Region maß man mit ihr Strecken von 50 Zentimetern bis 85 Zentimetern. Der Abstand zwischen dem Daumen und der Spitze des kleinen Fingers hieß Spanne. Dann gab es noch den Schritt, der 70 Zentimeter bis 75 Zentimeter lang war, die Meile mit einer Länge von etwa 24.000 Fuß und die Tagesreise, die mit 27–36 Kilometern zu Buche schlug.

↻ Man kann sich gut vorstellen, wie ungenau die Längenmessungen in diesen Zeiten waren, denn selbst erwachsene Männer können sich bekanntlich gewaltig in ihrer Größe unterscheiden.

Wissenswert!

Am 1. August 1793 wurde in Frankreich die Grundlage für ein einheitliches Maßsystem geschaffen. Damals wurde der Meter als zehnmillionster Teil des Viertels eines Erdmeridians (das ist der senkrecht zum Äquator stehende Halbkreis vom Nord- zum Südpol) festgelegt. Das erste Meterstück, das hergestellt wurde, heißt Urmeter.

⮕ **Das Modell des Urmeters.** Das ursprüngliche Modell von 1793 wurde mehrmals korrigiert. Kopien hat man an die Eichinstitute vieler Länder vergeben.

Flüssigmaße

Eine früher oft verwendete Maßeinheit für Flüssigkeiten war die Maß. Sie beläuft sich auf $1\frac{1}{7}$ Liter. Das sogenannte Viertel wiederum setzte sich aus vier Maß zusammen. 1 Ohm bestand aus 24 Viertel oder 106 Maß. Ein Fuder bestand schließlich aus 6 Ohm. Weintrinker kennen auch heutzutage noch den Schoppen. Er entspricht etwa einem Viertelliter.

Gewichte

Ein Lot wog in Preußen etwa 14,6 Gramm oder auch 14 Quint. Die Maßeinheit Pfund (für 500 Gramm) kennst du vielleicht selbst noch. Früher entsprach ein Pfund ungefähr 459 Gramm. 1 Zentner wog 110 Pfund oder 51,49 Kilogramm.

Darüber hinaus gab es noch unzählige weitere Maßeinheiten. Man kann also den Franzosen nur dankbar sein, dass sie im 18. Jahrhundert damit angefangen haben, ein wenig Ordnung in diesen Dschungel zu bringen.

🎧 Mittelalterlicher Marktstand mit Balkenwaage

Experiment:

Lege deine persönlichen mittelalterlichen Maße fest: Miss mit einem Maßband oder einem Meterstab deine Elle, deinen Fuß, die Länge deines Schrittes und deine Spanne. Rechne anschließend Länge und Breite deines Zimmers in Elle, Fuß, Schritt und Spanne um.

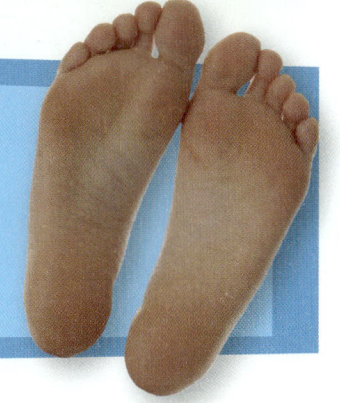

David Hilbert

⮎ David Hilbert hat entscheidend an den Grundlagen der modernen Mathematik mitgewirkt.

Am 23. Januar 1862 wurde in Königsberg ein Junge geboren, der in seinem späteren Leben einer der wichtigsten Mathematiker der Neuzeit werden sollte. Sein Name war David Hilbert. Ohne ihn wäre die moderne Mathematik, wie sie heute an den Universitäten gelehrt wird, nicht denkbar.

Kleines Genie

Schon in der Schule fiel seinen Mathematiklehrern auf, dass David Hilbert ein Mathegenie war. Man sagt von ihm, er habe schon als Schüler einigen seiner Lehrer mathematische Probleme und Beweise erklärt. Hilbert selbst meinte aber über seine Schulzeit: „Ich habe mich auf der Schule nicht besonders mit Mathematik beschäftigt, denn ich wusste ja, dass ich das später tun würde." Nach der Schulzeit studierte Hilbert in Königsberg Mathematik.

Wissenswert!

Auf Hilberts Grabstein steht: „Wir müssen wissen. Wir werden wissen." Diesen Satz hat er tatsächlich gesagt. Er verbindet damit die Aussagen, dass Wissen sehr wichtig ist und dass man, wenn man sich anstrengt, dieses Wissen auch erlangen kann.

🎧 David Hilbert liegt in Göttingen begraben, wo er 1943 starb.

Hilbert in Göttingen

Nach seinem Studium unternahm David Hilbert zunächst eine längere Studienreise, auf der er mit vielen bekannten Gelehrten und Mathematikern zusammentraf. 1895 wurde er schließlich als Mathematiker an die Universität Göttingen berufen. Er blieb dort bis zu seinem Tod im Jahr 1943. Während dieser Zeit sorgte er dafür, dass das Mathematikinstitut der Göttinger Uni zu den besten Lehr- und Forschungsstätten der Welt gehörte. Nach der Machtübernahme der Nationalsozialisten war es damit allerdings vorbei, weil diese viele hervorragende Wissenschaftler aus Göttingen vertrieben haben.

🎧 Der Mathematiker David Hilbert lehrte bis zu seinem Tod 1943 an der Universität Göttingen.

➲ Herausgeputzt und hell erleuchtet: Paris zur Weltausstellung im Jahr 1900

23 Probleme

Viele wichtige Erkenntnisse der modernen Mathematik gehen auf David Hilbert zurück. In vielen Bereichen findet man auch heute noch Begriffe und Lehrsätze, die seinen Namen tragen. Besonders berühmt wurde Hilbert durch eine Rede, die er am 8. August 1900 auf einem Mathematiker-Treffen in Paris hielt, das zeitgleich mit der dortigen Weltausstellung stattfand. Hier beschrieb er 23 mathematische Probleme, die bis dahin noch von keinem Mathematiker gelöst worden waren. Wer es schaffte, eines der sogenannten Hilbertschen Problemen zu lösen, galt als großer Mathematiker und wurde sehr bewundert. Bis heute sind von diesen Probleme 15 gelöst, 5 gelten als unlösbar und für 3 Probleme fehlt die Lösung noch.

⊂ Flagge von Südafrika

Maße in anderen Ländern

Bis zum Ende des 18. Jahrhunderts herrschte ein ganz schönes Durcheinander, wenn es um das Messen und um Maßeinheiten ging. Dann versuchten die Franzosen, das Chaos der Maßeinheiten zu ordnen, und führten neue Maße ein, die von vielen Ländern übernommen wurden. Aber nicht alle beteiligten sich daran; und so gibt es noch immer Länder mit anderen Maßeinheiten.

⊂ Ein Känguru, das Maskottchen von Australien

Das angloamerikanische System

Zu den Ländern, in denen noch heute andere Maß-einheiten gelten, zählen Großbritannien, Kanada, die USA, Südafrika, Australien und Neuseeland. Das Ein-heitensystem, das in diesen Ländern gilt, wird auch „angloamerikanisches Einheitensystem" genannt. Für Länge, Gewicht und Temperatur findest du dort ganz andere Einheiten.

◖ Hier siehst du beide Ein-heitensysteme auf einem Lineal: das anglomerika-nische Einheitensystem (inch) und das internatio-nale System (cm).

Wissenswert!

Auch bei uns kannst du die Einheiten des angloameri-kanischen Systems finden, wenn du genau hinsiehst. So sind auf Linealen oft mehrere Skalen aufgedruckt. Auch, wenn du dir einen Messbecher aus der Küche ansiehst, wirst du dort wahrscheinlich verschiedene Einheiten finden. Vielleicht fallen dir ja noch andere Beispiele ein.

⊂ „Cup" ist englisch und bedeutet Tasse. Ein Cup sind ungefähr 200 Milliliter.

⊃ Der Kiwi, kleinster Laufvogel der Welt und Maskottchen von Neuseeland

⊂ Flagge von Kanada

🎧 Flagge von Großbritannien

Längeneinheiten

Im angloamerikanischen System werden ganz andere Längeneinheiten verwendet als bei uns. Dort geht es los mit dem „inch", 2,54 Zentimeter lang. Als nächstes kommt der „foot" mit 30,48 Zentimetern Länge. Danach folgt der „yard" (= 91,44 Zentimeter). Von der Meile hast du sicherlich schon gehört. Sie hat zu Lande eine Länge von 1,61 Kilometern, auf dem Wasser ist sie 1,85 Kilometer lang.

Temperatur

Wir messen die Temperatur in „Grad Celsius". Diese Einheit geht auf den schwedischen Astronomen Anders Celsius (1701–1744) zurück. Im angloamerikanischen Raum benutzt man ganz andere Einheiten. Häufig findest du dort die Einheit „Fahrenheit". Sie wird mit einem F abgekürzt. Außerdem gibt es noch die Einheit „Kelvin" (Abkürzung K); sie wird vor allem in der Wissenschaft verwendet – dort aber auch vom Rest der Welt.

🔄 Die Freiheitsstatue von New York – Sinnbild der USA

➲ 20 Grad Celsius entsprechen über 60 Grad Fahrenheit. Man muss also aufpassen, dass man Grad Celsius und Grad Fahrenheit nicht verwechselt.

Gewichtseinheiten

Auch die Gewichtseinheiten unterscheiden sich von denjenigen, die wir in Deutschland verwenden. Die gebräuchlichsten Einheiten sind hier „dram" (1,77 Gramm), „ounce" (28,35 Gramm), „pound" (454 Gramm), „hundredweight" (45,4 Kilogramm) und „ton" (907 Kilogramm). Daneben kennt man im angloamerikanischen Raum noch eine Menge weiterer Einheiten, die hier aber nicht alle aufgezählt werden sollen.

➲ Dieser Mann wiegt nicht fast 240 Kilogramm, sondern knapp 240 pound. Umgerechnet sind das 109 Kilogramm – beruhigend, oder?

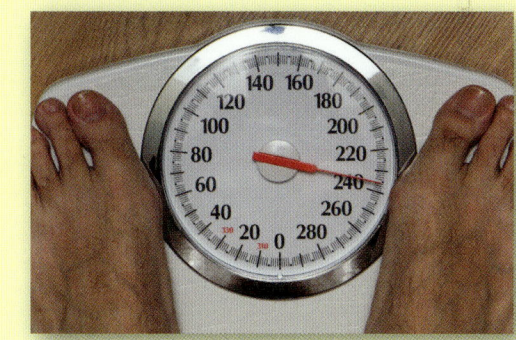

Wiegen

Um Gegenstände oder Entfernungen zu beschreiben, ist das Messen ihrer Länge ein sehr wichtiges Hilfsmittel. Aber manchmal reicht es nicht aus, die Größe eines Gegenstandes zu kennen. Dann wird auch sein Gewicht zu einem entscheidenden Maß, zum Beispiel dann, wenn es darum geht, ob ein LKW über eine Brücke fahren kann, ohne dass sie einstürzt.

Der Wiegevorgang

Stell dir einmal eine alte Waage vor. Bestimmt hast du so etwas schon einmal gesehen. Sie besteht aus zwei Waagschalen, die an einem Stab befestigt sind. Dieser Stab ist exakt in der Mitte an einer drehbaren Achse befestigt und befindet sich genau im Gleichgewicht. Legst du nun in eine der Schalen einen Gegenstand, senkt sie sich ab. Wenn du herausfinden willst, wie viel der Gegenstand wiegt, legst du in die andere Schale so lange bestimmte Gewichte hinein, bis beide Schalen wieder im Gleichgewicht sind. Jetzt kannst du an den Gewichten ablesen, wie schwer der Gegenstand ist. Mit anderen Worten: Beim Wiegen vergleichst du einen Gegenstand, der gewogen werden soll, mit Gewichten, von denen dir bekannt ist, wie schwer sie sind.

🎧 Eine alte Balkenwaage: Ob sie genau wiegt, hängt von ihrer Konstruktion und der Genauigkeit der Gewichte ab, die verwendet werden.

Wissenswert!

Dort, wo Handel getrieben wurde, musste auch gewogen werden. So wurden in alten ägyptischen Gräbern, die bereits 5000 Jahre alt sind, einfache Waagen gefunden. Übrigens wurde erst 1927 die Schreibweise Waage (mit zwei a) eingeführt, um „Waagen" von „Wagen" (Fahrzeuge) unterscheiden zu können.

☞ Wiegen für Handel und Opfergaben. Auf dem Schrein des ägyptischen Tempels Kom Ombo ist eine Balkenwaage abgebildet.

Wiegen und Mathematik

Wer sich mit dem Wiegen beschäftigt, betreibt dabei oft eine ganze Menge Mathematik. Wenn man eine Balkenwaage benutzt, muss man beispielsweise Gewichte zusammenrechnen. Möchte man wissen, welches Gewicht man noch braucht, um einen bestimmten Wert zu erhalten, muss man auch die Regeln der Subtraktion beherrschen. Häufig geht es in der Praxis um die Frage, wie viele Kilogramm man noch zuladen darf, ohne ein Auto zu überladen. Dir fallen bestimmt noch weitere Beispiele ein, die zeigen, wie oft man im Zusammenhang mit Gewichten rechnen muss.

🎧 Eine Waage für LKWs

Wissenswert!

Wie viele andere mechanische Geräte, so wurde auch die Balkenwaage von ihrer elektronischen Nachfolgerin verdrängt. Die erste elektronische Waage haben 1938 zwei amerikanische Ingenieure erfunden. Der Weg für die heutige Digitalwaage war damit geebnet.

Mein Experiment:

Mit einem Holzlineal und einem Bleistift kannst du dir eine eigene einfache Waage bauen. Lege das Lineal so auf den Bleistift, dass beide Enden in der Luft schweben. Nun kannst du auf eine Seite einen Gegenstand legen und auf der anderen Seite so viele Gewichte hinzufügen, bis sich das Lineal wieder im Gleichgewicht befindet.

↻ Eine Balkenwaage beruht eigentlich auf einem ganz einfachen Prinzip. Deshalb kannst du sie auch ganz leicht nachbauen.

Schätzen und Überschlagen

Du bist es aus deinem Matheunterricht bestimmt gewohnt, dass du exakte Ergebnisse für Aufgaben liefern sollst. Da wirst du dich vielleicht fragen, was Schätzen und Überschlagen in einem Buch über Mathematik zu suchen haben. Aber es gibt Situationen, da kommst du ohne eine dieser beiden Techniken nicht aus.

🎧 Im Alltag spricht man oft von „schätzen", wenn man die ungefähre Anzahl von Menschen oder Gegenständen angeben will. Hierbei ist vor allem ein gutes Augenmaß gefordert. Wie viele Bälle mögen das wohl sein?

Schätzen

„Ich schätze, es wird heute ganz schön warm", kann man im Sommer ab und zu hören. Dieses Schätzen hat natürlich nichts mit dem Schätzen zu tun, das du in der Mathematik anwendest. Geschätzt werden beim Rechnen in erster Linie Längen, Gewichte oder Zeitspannen – und zwar immer dann, wenn man die genauen Werte nicht zur Hand hat, aber trotzdem eine Berechnung durchführen möchte (oder muss). Ein schönes Beispiel hierfür ist die Frage, wie hoch ein bestimmter Wolkenkratzer ist. Du kannst von außen natürlich die Etagen zählen, die Höhe einer einzelnen Etage musst du aber schätzen. Schließlich kannst du nicht in ein beliebiges Hochhaus spazieren und einen Bewohner bitten, die Höhe seiner Wohnung ausmessen zu dürfen. Und der ungewöhnliche Feuerwehreinsatz auf der Zeichnung ist auch keine praktikable Lösung.

Schätzen genügt!

➲ Zum Ausmessen eines Hochhauses ist ein Maßband ungeeignet. Meist reicht aber auch ein Schätzwert.

Gutes Schätzen ist wichtig!

Um nun ungefähr die richtige Höhe des Hauses zu ermitteln, musst du die Höhe eines Stockwerks möglichst gut abschätzen. Das gelingt dir umso besser, je mehr Häuser du von innen kennst. Man braucht also eine gewisse Erfahrung, um Größen richtig einschätzen zu können.

➲ Schätzen braucht Erfahrung. Nur wer sich im Alltag regelmäßig mit unterschiedlichen Maßen beschäftigt und sich die Größe und das Gewicht verschiedenster Gegenstände einprägt, kann später einmal gut schätzen.

Mein Experiment:

Du kannst – vielleicht auf einer Geburtstagsparty – mit deinen Freunden ein schönes Schätz-Spiel veranstalten. Dazu besorgst du viele ganz unterschiedliche Gegenstände und lässt deine Freunde deren Gewicht oder Größe schätzen. Wer am besten geschätzt hat, bekommt dann einen Preis.

Ich schätze, er wiegt 300 Gramm.

Überschlagen

Das Überschlagen ist eine Methode, mit der du komplizierte Rechenaufgaben besser meistern und überprüfen kannst, ob deine Rechnung wohl stimmt. Bei einer Überschlagsrechnung vereinfachst du nämlich eine Aufgabe so weit, dass du sie bequem im Kopf ausrechnen kannst. Nimm zum Beispiel die Aufgabe 52342 : 6. Sie im Kopf zu rechnen, bereitet dir sicherlich Schwierigkeiten. Wenn du das Ergebnis überschlägst, rechnest du 54000 : 6, da du so auf ein glattes Ergebnis kommst. Hier ist das Ergebnis 9000, das sich eben auch ohne schriftliche Rechnung leicht ermitteln lässt. Wenn du nun als Ergebnis einer ausführlichen Rechnung einen Wert erhalten hast, der sich ganz deutlich von der 9000 unterscheidet – etwa 453 – weißt du, dass in deiner Rechnung ein Fehler sein muss.

➲ Im Alltag ist es manchmal nicht wichtig, ein exaktes Ergebnis zu bekommen. Dann genügt es, die Zahlen zu vereinfachen und so zu rechnen. Mit diesem Überschlag kommt man schnell zur Lösung, die nur ein klein wenig von dem tatsächlichen Ergebnis entfernt ist.

52342:6

Versuche es doch zuerst einmal mit einem Überschlag!
54000:6

Teilen

Nicht nur in der Fantasie von fiesen Mathelehrern geistern unzählige Divisionsaufgaben herum, auch im wirklichen Leben spielt das Teilen eine große Rolle.

Mit den Geschwistern teilen

Stell dir einmal vor, deine jüngeren Geschwister und du, ihr habt deinen Eltern bei der Erdbeerernte geholfen. Zur Belohnung bekommst du eine große Schüssel frischer Erdbeeren mit Schlagsahne in die Hand gedrückt – und die Ermahnung: „Teile sie aber mit deinen Geschwistern!" Schon hast du den Salat oder vielmehr die Divisionsaufgabe. Aufgaben wie dieser begegnest du im Alltag ziemlich oft – auch wenn deine Eltern kein Erdbeerfeld haben. Es gibt immer wieder etwas aufzuteilen: Geld, Süßigkeiten, andere Nahrungsmittel, Getränke und vieles mehr.

Mit Geld rechnen

Jeder freut sich natürlich, wenn er im Zusammenhang mit Geld hauptsächlich Additionsaufgaben rechnen muss, weil das ja bedeutet, dass der eigene Reichtum immer weiter zunimmt. Aber ganz häufig sind hier auch Divisionen nötig. Das ist besonders dann der Fall, wenn es darum geht, einen Geldbetrag in ganz bestimmten Münzen oder Scheinen auszubezahlen. Denk zum Beispiel einmal an die Situation, wenn du im Supermarkt kein 1-Euro-Stück für den Einkaufswagen hast und die Kassiererin bittest, einen 10-Euro-Schein entsprechend zu wechseln. Dann geht das große Teilen los. Sie kann dir zum Beispiel einen 5-Euro-Schein, zwei 2-Euro-Stücke und ein 1-Euro-Stück rausgeben. Aber es gibt auch noch andere Möglichkeiten.

🎧 Ein Kunde möchte seinen 20-Euro-Schein wechseln, weil er Kleingeld für ein U-Bahn-Ticket braucht. Welche Möglichkeiten gibt es?

Durchschnittsnoten

Gerade im Schulbetrieb kommt es immer wieder vor, dass Durchschnittsnoten gebildet werden, zum Beispiel wenn dein Lehrer bei der Rückgabe einer Klassenarbeit den Klassenspiegel an die Tafel schreibt. Aber auch die Zeit vor der Zeugnisvergabe ist von vermehrtem Dividieren gekennzeichnet – dann nämlich, wenn viele Schüler den Notendurchschnitt ihres Zeugnisses ermitteln möchten.

Das ist ja eigentlich auch ganz einfach: Du addierst alle deine Noten und teilst das Ergebnis durch die Anzahl deiner Fächer. Genauso gehen deine Lehrer bei der Berechnung des Klassendurchschnitts vor: Sie berechnen die Summe eurer Noten und teilen das Ergebnis durch die Anzahl der Schüler. Manchmal gibt es dann eine böse Überraschung und die Arbeit muss wiederholt werden.

Zeit einteilen

Aber du teilst nicht nur Mengen von Gegenständen oder Schulnoten; oft ist es auch nützlich, sich seine Zeit gut einzuteilen. Das kann vielleicht sogar für den Erfolg bei einer Klassenarbeit entscheidend sein. Wenn du weißt, dass dir eine Schulstunde zur Verfügung steht, solltest du dir die Zeit so einteilen, dass du genug davon für die

Lösung jeder einzelnen Aufgabe hast. Musst du 4 Aufgaben mit identischem Aufwand erledigen, kannst du kurz überschlagen, wie viele Minuten du für eine Aufgabe brauchen darfst, indem du 40 durch 4 teilst. Du hast also 10 Minuten pro Aufgabe und am Ende 5 Minuten, um alles noch einmal durchzulesen.

Wissenswert!

Auch im Arbeitsleben gibt es solche Einteilungen. So muss in einer Fabrik etwa eine bestimmte Anzahl von Werkstücken während einer Schicht hergestellt werden. Da ist es sinnvoll, sich zunächst auszurechnen, wie viel Zeit man pro Werkstück zur Verfügung hat.

↻ Hier wird Käse hergestellt. Für jeden Handgriff bleibt nur wenig Zeit und so muss sich jeder Arbeiter seine Zeit gut einteilen.

Navigieren

⟳ Kartenlesen während der Autofahrt funktioniert nur, wenn man einen Beifahrer hat. Deshalb ist das „Navi" für Autos eine so bahnbrechende Erfindung.

Wer in einer unbekannten Stadt oder einem fremden Land unterwegs ist, kann sich leicht verlaufen. Daher benutzt man verschiedene Hilfsmittel, um sich zu orientieren und den richtigen Weg zu finden. Oft ist auch hierbei die Mathematik im Spiel.

Navigation mit Satelliten

Navigationssysteme, wie sie mittlerweile von vielen Autofahrern genutzt werden, verwenden Satelliten, um die Position des Fahrzeugs zu bestimmen und dann den Weg zu berechnen. Und das kann natürlich nur mithilfe der Mathematik funktionieren. Das Prinzip ist dabei eigentlich recht einfach.

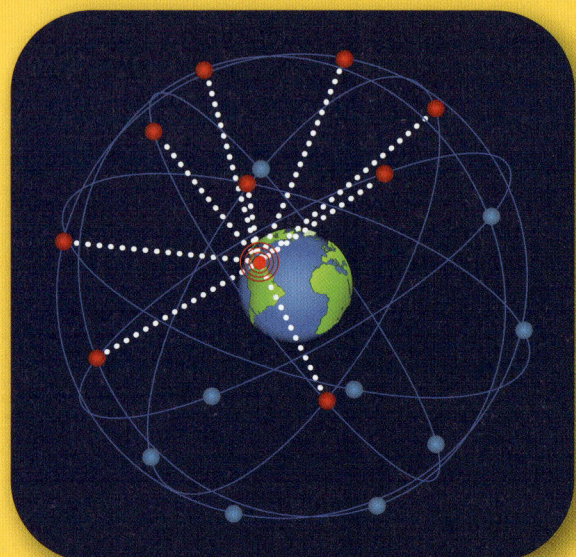

🎧 Hier ist skizziert, wie die Satelliten auf bestimmten Bahnebenen die Erde umkreisen. Kontrolliert werden sie von einem ganzen Netz von Bodenstationen auf der Erde.

Drei Kreise schneiden sich

Jeder Satellit sendet eine Nachricht folgender Art: „Ich bin Satellit Nr. X, meine Position ist gerade Y und diese Nachricht wird zum Zeitpunkt Z versendet." Um nun die Position des Autos zu bestimmen, vergleicht der GPS-Empfänger die Zeit, zu der das Signal ausgesendet wurde, mit der Zeit, zu der das Signal empfangen wurde. Aus dieser Zeitdifferenz kann die Entfernung des Satelliten berechnet werden, da ja die Geschwindigkeit des Signals genau bekannt ist. Kennt man nun die Entfernung des Satelliten, so kann man alle möglichen Positionen des Empfängers berechnen. Dabei handelt es sich nämlich um alle Punkte, die exakt gleich weit von Satelliten entfernt sind. Sie liegen auf einer kreisrunden Bahn auf der Erdoberfläche. Nimmt man nun die Daten von drei Satelliten, so bezeichnet der Schnittpunkt der drei Kreisbahnen genau die Position des Empfängers.

↻ Auch beim Wandern helfen technische Geräte bei der Orientierung.

Wissenswert!

Die Menschen haben recht früh Methoden zur Navigation erfunden. Wahrscheinlich haben die Inder und Ägypter schon vor etwa 6000 Jahren damit begonnen, die Position von Schiffen auf See mithilfe der Sterne zu bestimmen und so ihren Weg zu finden.

Weitere Methoden

Man kann sich auch ohne GPS orientieren. Dabei können bestimmte Punkte in der Landschaft wie Berge oder Flüsse helfen, die eigene Position auf einer Landkarte wiederzufinden. Seefahrer haben es auch gelernt, sich am Stand der Sterne zu orientieren. Bei dieser Navigation spielt die Messung von Winkeln mit entsprechenden Geräten, den Sextanten, eine große Rolle. Ein Sextant misst den Winkel zwischen der Blickrichtung und weit entfernten Objekten; vor allem den Winkelabstand von einem Gestirn zum Horizont.

GPS ist die Abkürzung für Global Positioning System und meint ein globales Navigationssatellitensystem zur Positionsbestimmung und Zeitmessung.

↻ Sextant aus dem frühen 19. Jahrhundert: Er half Seefahrern bei der Orientierung auf dem offenen Meer.

Wissenswert!

In Zukunft wird Europa sein eigenes Navigationssystem haben, das allerdings aus der ganzen Welt Daten zur Positionsbestimmung liefern wird, nicht nur für den europäischen Kontinent. Es wird „Galileo" heißen und auf 30 Satelliten basieren, die die Erde in einer Höhe von 23.260 Kilometern mit 3,6 Kilometern pro Sekunde umkreisen werden.

GALILEO

Emmy Noether

↻ Emmy Noether war nicht nur eine intelligente, sondern auch eine mutige Frau, musste sie sich doch als beinahe einzige Frau in einer Männerwelt behaupten.

Mathematik zunächst kein Thema

Obwohl Emmy Noether in eine mathematisch äußerst interessierte Familie hineingeboren wurde – ihr Vater lehrte an der Erlanger Universität Mathematik –, beschäftigte sie sich zunächst kaum mit Mathematik. Vielmehr erhielt sie zunächst eine typische „Mädchenausbildung" und wurde Lehrerin für Englisch und Französisch. Als 1903 in Bayern endlich auch Frauen an den Universitäten zugelassen wurden, zog es Emmy Noether an die Universität Erlangen. Dort studierte sie dann sehr erfolgreich Mathematik.

Emmy Noether wurde 1882 in Erlangen geboren. Zu ihrer Zeit war es Frauen ausdrücklich verboten, zu studieren und daher nahezu unmöglich, Wissenschaftlerin zu werden. Umso beeindruckender ist es, welch bedeutende wissenschaftliche Leistungen sie vollbracht hat.

↻ Wie du siehst, ist Emmy Noether in ihrem Leben ganz schön herumgekommen.

Karriere mit Hindernissen

Im Studium zeigte sich sehr schnell, welch großes Talent sie für die Lösung mathematischer Fragestellungen hatte. Sie war so gut, dass der damals schon berühmte Mathematiker David Hilbert (siehe auch die Seiten 106–107) sie an die Universität Göttingen holte. Er hätte es auch gern gesehen, wenn sie dort Professorin geworden wäre, aber das war Frauen damals ausdrücklich verboten. Nach dem Ersten Weltkrieg wurde das Verbot jedoch endlich aufgehoben und so wurde Emmy Noether 1919 Mathematik-Professorin. In der Folgezeit unterrichtete sie nicht nur in Göttingen, sondern auch in Moskau und Frankfurt. Weil Emmy Noether Jüdin war, musste sie nach der Machtergreifung der Nationalsozialisten aus Deutschland in die USA fliehen, wo sie in Pennsylvania an einem Frauen-College unterrichtete. Dort starb sie 1935.

🎧 Algebra spielt im Mathematikunterricht von heute eine ganz wesentliche Rolle.

Begründerin der modernen Algebra

Emmy Noether hat sich in der Mathematik ganz besonders mit dem Gebiet, das man Algebra nennt, beschäftigt. Hier zählt sie zusammen mit einigen Kollegen zu den herausragenden Spezialisten und zur Gründerin der sogenannten „modernen Algebra". Viele Dinge, die heutzutage jeder Student in diesem Fachgebiet lernen muss, wurden von ihr entdeckt. Trotz der schlechten Bedingungen wurde Emmy Noether zu einer bedeutenden Wissenschaftlerin auf dem Gebiet der Mathematik.

🎧 Gedenktafel am Geburtshaus von Emmy Noether in Erlangen

Wissenswert!

Das mathematische Fachgebiet Algebra beschäftigt sich besonders mit den Rechenoperationen und dem Lösen von Gleichungen. Schon die alten Griechen haben begonnen, sich mit den Problemen der Algebra zu befassen.

Kalender und Jahreszeiten

Ein Kalender ist eine äußerst nützliche Angelegenheit. Er zeigt dir nicht nur an, wann Wochenenden sind und wann deine Schulferien anfangen, sondern er hilft dir dabei, das ganze Jahr – sogar dein ganzes Leben – zu sortieren und zu überblicken.

Appetitliche Häppchen

Nehmen wir einfach einmal einen 80-jährigen Mann. Dieser hat etwa 33.000 Tage gelebt. Bei einer solchen Anzahl von Tagen wäre es natürlich nicht möglich, den Überblick zu bewahren, wenn es kein Hilfsmittel gäbe. Hier leistet der Kalender einen wichtigen Beitrag, indem er diese lange Zeitspanne in appetitliche Häppchen unterteilt und diese Häppchen auch noch eindeutig benennt. Jeder Tag im Leben des alten Mannes ist mit einem eindeutigen Datum versehen. Er besitzt Angaben über das Jahr, den Monat des Jahres und den Tag des Monats, der gemeint ist.

⮑ In den meisten Berufen ist der Kalender nicht wegzudenken. Alle Termine können darauf verzeichnet werden – nur so ist ein geregelter Berufsalltag möglich: Produkte werden rechtzeitig fertig und müssen auch an einem bestimmten Tag ausgeliefert werden; und wichtige Besprechungen werden von allen eingehalten.

Eindeutige Angaben

Wie gut diese eindeutigen Angaben funktionieren, zeigt ein einfaches Beispiel. Stell dir vor, du liest folgenden Satz: Am 10.352. Tag seines Lebens brach Herr N. zu einer Forschungsreise auf. Selbst wenn du genau weißt, wann Herr N. geboren wurde, kannst du zunächst mit einer solchen Angabe nur wenig anfangen. Ganz anders sieht es aus, wenn die Zeitangabe folgendermaßen formuliert ist: Am 22. Oktober 1923 brach Herr N. zu einer Forschungsreise auf. Unter dieser Angabe kannst du dir wesentlich mehr vorstellen.

Wissenswert!

Die Menschen unterteilen das Jahr schon sehr lange in regelmäßig wieder-kehrende Einheiten. Zunächst orientierten sie sich dabei an Tierwanderungen, die immer zu bestimmten Zeiten stattfanden. Die Ägypter und Mesopotamier führten dann vor mehr als 4000 Jahren Kalender ein, die unserem Kalender-system schon sehr ähnlich waren. Sie orientierten sich dabei am Mond und an den Bewegungen der Sterne.

⮕ Dieser altägyptische Kalendereintrag wurde im Grab eines hohen Verwaltungsbeamten gefunden. Der ägyptische Kalender orientierte sich an den Sternen und wichtigen Naturereignissen wie der alljähr-lichen Überschwemmung des Nils.

Kalender berechnen

Man kann also sagen, dass der Kalender unsere Zeit in gleiche Stücke unterteilt. Dabei sind die Jahre immer gleich. Sie bestehen aus 365 Tagen oder – in den alle vier Jahre stattfindenden Schaltjahren – aus 366 Tagen. Diese Regelmäßigkeit sorgt dafür, dass man einige Berechnungen anstellen kann. So gibt es Formeln, mit deren Hilfe du für jedes Datum ausrechnen kannst, welcher Wochentag das gewesen ist – oder sein wird, denn die Berechnungen funktionieren auch für die Zukunft. Diese Formeln sind allerdings ziemlich kompliziert, deshalb sollen sie hier nicht näher betrachtet werden.

⮕ Die meisten Menschen benutzen heute schon einen elektronischen Kalender auf ihrem Smartphone oder ihrem Rechner. Hier gibt es auch eine Erinnerungsfunktion. Steht ein Termin unmittelbar bevor, leuchtet ein entsprechendes Symbol auf.

Mein Experiment:

Wenn du an das vergangene Schuljahr zurückdenkst, dann werden dir einige be-sonders freudige, traurige oder auch ärgerliche Ereignisse sofort in den Kopf schie-ßen. Wahrscheinlich kannst du aber gar nicht mehr sagen, wann sie genau stattgefunden haben, und hast sogar Probleme, sie in die richtige Reihenfolge zu setzen. Nimmst du aber dein Hausaufgaben-heft oder einen Kalender von letztem Jahr zur Hand, in den du deine Aufgaben für den nächsten Tag sowie Prüfungs-termine eingetragen hast, dann fällt es dir plötzlich ganz leicht, das vergangene Jahr zu rekonstruieren.

Gleichungen und Rätsel lösen

↻ Auch wenn es manchmal schwerfällt, es lohnt sich, die mathematische Spurensuche aufzunehmen!

In Kriminalromanen oder -filmen spielt die Jagd nach dem oder der großen Unbekannten zumeist eine zentrale Rolle und sorgt nicht selten für atemlose Spannung. Atemlose Spannung können Unbekannte auch in der Mathematik erzeugen. Dann nämlich, wenn du dich beim Lösen von Gleichungen auf ihre Spur begibst.

Wozu Gleichungen?

Du kannst Gleichungen in vielen Situationen wirklich gut gebrauchen. Sie kommen zum Beispiel dann zum Einsatz, wenn es darum geht, Rätsel zu lösen. Das folgende Beispiel kannst du so ähnlich in vielen Zeitschriften finden.

Das Fußball-Rätsel

Stell dir vor, die Fußball-Bundesliga beginnt, und Claus, Bernd und Anton sammeln fleißig Fußballbilder. Bernd hat 27 Bilder mehr als Anton, Claus hat 14 Bilder weniger als Anton. Claus gibt Bernd 5 seiner Bilder, nun hat Bernd genau doppelt so viele Bilder wie Klaus. Wie viele Bilder hat jeder der drei Freunde?

🎧 Fußballbilder sammeln und tauschen ist ein beliebtes Hobby, auch während Welt- und Europameisterschaften.

Was ist überhaupt eine Gleichung?

Bevor wir uns damit beschäftigen, das Rätsel um die Fußballbilder zu lösen, soll es zunächst einmal kurz um ein paar grundlegende Fragen gehen. Was ist eigentlich eine Gleichung? Und welchen Nutzen hat sie? Gleichungen dienen dazu, den Wert von einer (oder manchmal auch von mehreren) Unbekannten zu beschreiben. Diese Unbekannte nennt man meistens x. Das x steht irgendwo innerhalb der Gleichung. Bei ihrer Lösung gehst du so vor, dass du die Gleichung so lange umformst, bis auf der einen Seite des Gleichheitszeichens nur noch die Unbekannte steht und auf der anderen Seite der Rest. Das müsste dann, wenn dir kein Fehler unterlaufen ist, die Lösung der Gleichung sein.

🎧 Die Unbekannte, nach der wir hier suchen, heißt nicht x, sondern y. Wir rechnen: Auf beiden Seiten des Gleichheitszeichens subtrahieren wir 8. Dann teilen wir durch 5. Wir erhalten als Ergebnis y = 2,4.

Die Gleichung als Waage

Du kannst dir eine Gleichung wie eine Waage vorstellen. Diese Waage muss immer im Gleichgewicht bleiben. Das bedeutet: Wenn du aus einer Waagschale etwas herausnimmst, musst du genauso viel aus der anderen Waagschale herausnehmen, damit die Waage im Gleichgewicht bleibt. Die Waage muss – egal, was du damit machst – immer im Gleichgewicht bleiben. Das ist das große Geheimnis! Auf die Gleichung übertragen heißt das, dass du auf beiden Seiten des Gleichheitszeichens immer dieselbe Rechenoperation durchführen musst. Addierst du auf der einen Seite eine 4, musst du auch auf der anderen Seite eine 4 addieren. Teilst du links durch 2, musst du auch rechts durch 2 teilen und so weiter.

Wissenswert!

Äquivalenzumformungen

Für den Vorgang, dass trotz aller Umformungen beide Seiten der Gleichung im Gleichgewicht bleiben, gibt es in der Mathematik einen Fachbegriff. Die Umformungen, die du mit einer Gleichung anstellen darfst, ohne dass sich ihre Lösung ändert, nennen sich Äquivalenzumformungen. Der Begriff „äquivalent" ist aus dem Lateinischen abgeleitet und bedeutet „gleichwertig".

Gleichungen aufstellen

Bevor du eine Gleichung lösen kannst, musst du sie häufig noch aufstellen. Das heißt, dass du in unserem Beispiel den Text von den Jungen mit den Fußballkarten so „übersetzen" musst, dass am Schluss eine mathematische Gleichung herauskommt, die nur mathematische Symbole, aber keinen Text mehr enthält. Dieser Schritt ist ganz besonders wichtig, denn nur, wenn du die richtige Gleichung gefunden hast, kommst du auch zur richtigen Lösung.

⮰ Forme zunächst die Textaufgabe in eine x-Gleichung um.

Wissenswert!

Mach' die Probe!

Das Tolle an Gleichungen ist, dass du dein Ergebnis selbst überprüfen kannst. Du musst einfach den Wert, den du für die Unbekannte x errechnet hast, in die ursprüngliche Gleichung einsetzen. Dann rechnest du beide Seiten so weit aus, dass links und rechts vom Gleichheitszeichen nur noch eine Zahl steht. Handelt es sich jeweils um dieselbe Zahl, dann ist das Ergebnis richtig.

Beispiel:

$$5x + 8 = 20 \mid - 8$$
$$5x = 20 - 8$$
$$5x = 12 \mid : 5$$
$$x = 12 : 5$$
$$x = 2{,}4$$

$$\rightarrow 5 \cdot 2{,}4 + 8 = 20 \rightarrow 12 + 8 = 20 \rightarrow 20 = 20$$

Das Ergebnis x = 2,4 ist richtig!

⮰ Juhu, die Probe hat geklappt – das Ergebnis stimmt also!

Fußball-Rätsel-Gleichungen finden

Die Gleichungen für das Fußball-Rätsel findest du beispielsweise so:
Zunächst einmal legst du fest, dass Anton x Bilder hat. Nun überlegst
du Schritt für Schritt, wie das mit den beiden anderen
Freunden aussieht:

Bernd hat zuerst $x + 27$ Bilder (27 Bilder mehr als Anton).
Claus hat zuerst $x - 14$ Bilder (14 Bilder weniger als Anton).

Nun kommt die Tauschaktion:
Bernd hat nach dem Tausch $x + 27 + 5$, also $x + 32$ Bilder.
Claus hat nach dem Tausch $x - 14 - 5$, also $x - 19$ Bilder.

Bernd hat nach dem Tausch doppelt so viele Bilder wie Claus,
also $2 \cdot (x - 19)$ Bilder.

Diesen letzten Satz musst du nun noch „mathematisch"
formulieren und schon hast du die Gleichung:

$x + 32 = 2 \cdot (x - 19)$
Jetzt rechnest du auf der rechten Seite die Klammer aus und erhältst:
$x + 32 = 2x - 38$
Subtrahiere nun auf beiden Seiten x. Dann steht da:
$32 = x - 38$
Addiere auf beiden Seiten 38:
$70 = x$

Anton hat also 70 Bilder.
Bernd hat $70 + 32 = 102$ Bilder.
Claus hat $70 - 19 = 51$ Bilder.

Dieses Lösungsprinzip, das wir hier anhand
des einen Beispiels durchgespielt haben,
funktioniert für fast jede Gleichung.

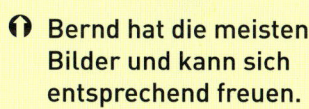
🎧 **Bernd hat die meisten Bilder und kann sich entsprechend freuen.**

Wissenswert!

Es gibt eine Menge verschiedener Gleichungen: Gleichungen mit einer Unbekannten wie im Fußball-Beispiel, aber auch Gleichungen, in denen zwei Unbekannte vorkommen. Dann gibt es sogenannte „quadratische Gleichungen". Dort hat man anstelle von x als Unbekannte ein x^2. Der Exponent (die hochgestellte Ziffer) kann auch noch höher sein. Für all diese Gleichungen gibt es eigene Lösungswege. Bei allen gilt aber: Wenn du das Prinzip verstanden hast, ist die Lösung der Gleichung recht einfach.

Daten erfassen und darstellen

Mathematik kann viel mehr, als nur bei der Lösung von Rechenaufgaben zu helfen. Ein wichtiges Gebiet, auf dem die Mathematik kräftig mitmischt, ist die Erfassung und Darstellung von Daten. Man nennt dieses Gebiet Statistik.

Was sind Daten?

Wenn hier von Daten die Rede ist, hat das sicherlich nichts mit den Daten auf deinem Kalender zu tun. Aber was ist dann eigentlich damit gemeint? Ganz allgemein kann man sagen, dass Daten die Ergebnisse von Befragungen, Beobachtungen oder Experimenten sind. Du fragst zum Beispiel alle deine Mitschüler, wie viele Geschwister sie haben.

Die Antworten, die du erhältst, sind deine Daten. Anschließend kannst du die Anzahl aller Geschwisterkinder ermitteln und dann durch die Zahl deiner Mitschüler teilen. Als Ergebnis erhälst du eine Zahl, die angibt, wie viele Geschwister die Kinder aus deiner Schule durchschnittlich haben.

➲ Sicher sind deine Eltern auch schon mal auf der Straße angesprochen worden, ob sie an einer Umfrage teilnehmen möchten. Manche Umfragen laufen aber auch über das Telefon oder man bekommt per Post einen Fragebogen zugeschickt.

Mein Experiment:

Überlege dir doch einmal ein Experiment, mit dem du Daten gewinnen kannst und führe es dann mit deinen Freunden oder Klassenkameraden durch. Beispielsweise kannst du ermitteln, wie viele Kinder aus deiner Klasse ein Haustier haben.

Daten erfassen

Bevor du mit Daten irgendetwas anfangen kannst, musst du sie natürlich erst einmal bekommen. Diesen Vorgang nennt man Datenerfassung. Dazu gibt es verschiedene Wege. Du kannst Leute beispielsweise nach ihren Daten fragen. Manchmal gibt es auch schon eine Menge von Daten (in Archiven, bestimmten Unterlagen zum Thema...), aus denen du dir die für dich wichtigen Werte heraussuchen kannst. Manchmal erhältst du Daten, indem du Menschen (oder auch Dinge) beobachtest. So kannst du zum Beispiel morgens am Eingang der Schule stehen und dir aufschreiben, wie viele Schüler einen Rucksack haben und wie viele mit einem Schulranzen kommen. Und schließlich kannst du auch Experimente machen, um Daten zu erheben.

🎧 Manchmal missglückt ein Experiment auch. Aber es muss ja nicht unbedingt aus der Chemie stammen: Vielleicht fragst du dich, wie viele Schüler in deiner Jahrgangsstufe neben Deutsch eine zweite Muttersprache haben. Das ist sicher weniger riskant.

Daten darstellen

Wenn du erfolgreich Daten gesammelt hast, ist es wichtig, diese Daten möglichst übersichtlich darzustellen, damit auch andere Leute etwas damit anfangen können. Auch dafür steht dir wieder eine ganze Reihe von Möglichkeiten zur Verfügung: Du kannst die Daten beispielsweise in einer Tabelle zusammenfassen. Dann sind sie schön sortiert und übersichtlich. Eine weitere Möglichkeit der Darstellung ist es, die Daten in einem Diagramm zu veranschaulichen. Ein solches Diagramm kann unterschiedlich lange Balken oder unterschiedlich große Tortenstücke enthalten. Solche Diagramme helfen dabei, sich schnell einen Überblick über viele Daten zu verschaffen.

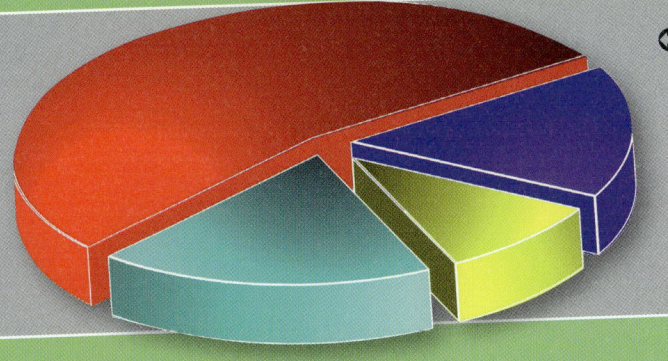

⬲ Stell dir vor, du hast alle Schüler deiner Jahrgangsstufe nach ihren Muttersprachen befragt. Die Daten kannst du zum Beispiel in einem solchen Tortendiagramm darstellen: Die meisten Schüler (rot) können nur Deutsch sprechen. Der hellblaue Teil steht für Schüler, die außerdem noch Türkisch sprechen können, der dunkelblaue für Schüler mit italienischer und der gelbe für Schüler mit polnischer Muttersprache.

Das Kerbholz

Eine Fähigkeit, die der Mensch mit nur ganz wenigen Lebewesen teilt, ist das Bauen und Benutzen von Werkzeugen. Daher braucht man sich eigentlich nicht zu wundern, dass er auch schon früh versuchte, sich das Rechnen durch besondere Hilfsmittel zu erleichtern. Eines der ersten Rechenwerkzeuge war das Kerbholz.

Rechnen und Buchhaltung

Das Kerbholz war ein einfaches Mittel, um die Menschen beim Zählen, aber auch bei einer einfachen Buchhaltung zu unterstützen. Es handelt sich hierbei um ein Stück Holz oder einen geeigneten Stock, in den man mithilfe eines Messers oder einer Feile Kerben ritzen konnte. Auf diese Weise konnten die Menschen – etwa beim Zählen von Vieh oder Geld – Strichlisten führen.

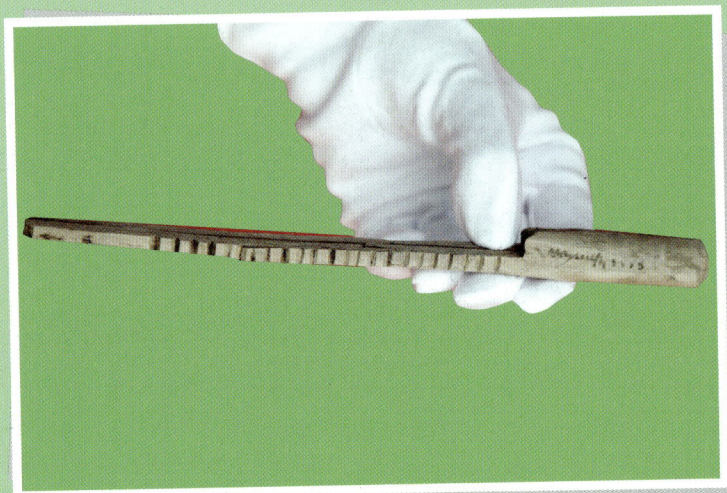

⟲ Das Kerbholz erleichterte den Menschen früher das Rechnen und diente als Gedächtnisstütze.

Das Kerbholz mit der festgelegten Anzahl von Kerben wurde der Länge nach geteilt und Schuldner und Gläubiger nahmen jeweils eine Hälfte mit nach Hause. Der Schuldner konnte die Anzahl der Kerben nicht nachträglich verringern, denn am Zahltag wurden die beiden Hölzer wieder nebeneinandergelegt und das „Kerbenmuster" musste sich exakt decken.

Das Kerbholz als Urkunde

Mithilfe des Kerbholzes wurde bis ins Mittelalter hinein die Höhe der Schulden, die ein Schuldner bei einem Gläubiger hatte, festgehalten. In einigen Alpenländern praktizierte man diese Methode sogar bis ins 20. Jahrhundert hinein. Dazu machte man der geliehenen Summe entsprechend Kerben in das Holz. Dann wurde das Holz der Länge nach gespalten, sodass jeder Beteiligte eine Hälfte mit nach Hause nehmen konnte. Da nur genau diese beiden Stücke wieder zu einem Teil zusammengefügt werden konnten, war es nicht möglich, die Anzahl der Kerben zu fälschen, ohne dass es auffallen musste. Daher war das Kerbholz so etwas wie eine fälschungssichere Urkunde. Auf einem Kerbholz wurden übrigens nicht nur Geldschulden festgehalten, sondern auch andere Dinge wie zum Beispiel die Anzahl an Schafen, die einem Schäfer überlassen worden waren.

Geschichte des Kerbholzes

Wann genau der Mensch das Kerbholz erfunden hat, ist nicht bekannt. Aber es gibt 2000 Jahre alte Fundstücke, die große Ähnlichkeit mit einem Kerbholz haben. Die Inkas dürften das Werkzeug auf jeden Fall gekannt haben und auch von den alten Römern wissen wir, dass sie so etwas verwendet haben. Selbst im alten China hat man mit dem Kerbholz gezählt und die Buchhaltung geführt.

Wissenswert!

Wenn jemand ein Verbrechen begangen hat, sagt man auch „Er hat etwas auf dem Kerbholz." Diese Redensart kommt von dem hier beschriebenen Rechenhilfsmittel und bedeutete ursprünglich nur: „Er hat Schulden." Dann wurde daraus: „Er hat sich schuldig gemacht!" und schließlich erhielt diese Wendung die heutige Bedeutung: „Er hat ein Verbrechen begangen."

So ähnlich muss es ausgesehen haben, wenn im alten China mithilfe des Kerbholzes die Finanzen verwaltet wurden.

Der Abakus und andere alte Rechenmaschinen

Je komplizierter eine Berechnung ist, desto mehr Fehler können sich einschleichen. Das ist ärgerlich, denn man muss mit der Rechnung von vorne beginnen. Damit so etwas möglichst nicht passiert, haben die Menschen schon recht früh Rechenmaschinen erfunden, die ihnen bei komplizierten Rechnungen helfen konnten.

Wissenswert!

Woher wissen wir eigentlich, wie die Menschen früher gerechnet haben? Dafür gibt es zwei mögliche Quellen. Man hat zum einen Gegenstände gefunden, auf denen solche Dinge beschrieben sind. Eine frühe Quelle ist eine Vase, die mit kunstvollen Bildern verziert ist. Dort findet sich auch das Bild von rechnenden Menschen. Diese Vase heißt Darius-Vase und beschreibt Szenen aus dem Leben des Perserkönigs Darius I. (etwa 550 bis 486 vor Christus). Zum anderen hat man natürlich auch einige dieser alten Maschinen selbst gefunden.

⮑ Hier siehst du einen Bildausschnitt der Darius-Vase. Sie zeigt verschiedene Szenen aus dem Leben des Perserkönigs Darius I. Durch sie wissen wir, wie die Menschen zu seiner Zeit gerechnet haben.

Der Abakus

Der Abakus sieht fast so aus wie die kleinen Rechenmaschinen, die du heute im Spielwarengeschäft kaufen kannst: In einem Rahmen befinden sich einige Metallstangen. Auf diese Stangen hat man Holzperlen gesteckt, die man nach links und rechts verschieben kann. Mithilfe dieser Konstruktion kann man verschiedene Zahlen darstellen. Viele dieser einfachen Rechenmaschinen bestehen aus zwei Teilen. Man benutzt den oberen Teil, um größere Zahlen darzustellen. In diesem Fall hat eine Kugel nicht mehr den Wert eins, sondern fünf. Wenn man zwei Kugeln in diesem Bereich verschiebt, stehen die beiden für den Wert 10. Unten findet man die „normalen" Zahlen. Der Abakus wird auch heute noch manchmal verwendet, wenn es darum geht, Kindern die Addition oder die Subtraktion beizubringen.

Ein so einfaches wie geniales Rechenhilfsmittel: der Abakus

Früher Abakus, der nicht aufgestellt wird, sondern flach auf dem Tisch liegt.

Die Rechenwalze war ein Rechenschieber mit extralanger Skala (für größere Genauigkeit), die in mehrere gleich lange Einheiten zerlegt und auf einem Zylinder angeordnet war.

Der Rechenschieber

Bis zur Erfindung des Taschenrechners war der Rechenschieber die Rechenhilfe, die am meisten benutzt wurde. Ein typischer Rechenschieber besteht aus einem Brettchen, auf dem mehrere Skalen mit Zahlen angebracht sind. In der Mitte ist das Brettchen geteilt, dort befindet sich ein weiteres, von links nach rechts verschiebbares Brettchen. Auch dort sieht man eine Zahlenskala. Will man nun mit dem Rechenschieber rechnen, muss man das verschiebbare Brettchen, je nach Zahlen und Rechenart, verschieben. Das Ergebnis der Rechnung kann man dann auch dort ablesen. Es ist allerdings nicht ganz einfach, mit einem Rechenschieber zu arbeiten. Man muss zunächst eine ganz Weile üben, bis man den „Dreh" heraus hat. Später wurden auch Rechenwalzen entwickelt, die nach dem gleichen Prinzip arbeiteten. Dabei wurden dann verschiedene Walzen – wie bei einem Zahlenschloss – gedreht.

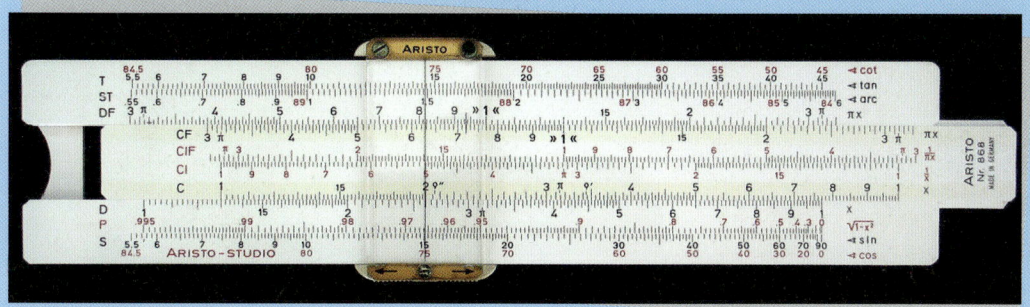

Der Rechenschieber ist ein frühes Rechenhilfsmittel.

Wissenswert!

Früher benutzten besonders Ingenieure, die manchmal komplizierte Berechnungen anstellen mussten, einen Rechenschieber. So galt das Rechengerät lange Zeit als Symbol für den Ingenieursberuf, fast so wie das Stethoskop (zum Abhören von Herz, Bronchien und Lunge) zum Arzt gehört. Übrigens hatten sogar die Astronauten, die als Erste zum Mond geflogen sind, zur Sicherheit Rechenschieber dabei.

Auch in der Raumfahrt waren anfangs Rechenschieber ein unverzichtbares Arbeitsgerät.

Der erste Mensch landete im Juli 1969 auf dem Mond, eine Sternstunde der Raumfahrt!

Die Rechenuhr

Der deutsche Mathematiker Wilhelm Schickard (1592–1635) erfand eine der ersten wirklich funktionierenden Rechenmaschinen, die sogenannte Rechenuhr. Mit dieser Maschine konnten auch komplizierte Multiplikationen und Divisionen durchgeführt werden. Auch die Bedienung dieser Maschine ist – etwa verglichen mit einem Taschenrechner – ziemlich kompliziert und musste mühsam erlernt werden. Die Rechenuhr besteht aus mehreren Rechenscheiben, die man zum Addieren und Subtrahieren rechts- bzw. linksherum drehen musste. Wollte man nun multiplizieren oder dividieren, kamen zusätzlich besondere Rechenstäbchen ins Spiel, die man nach links und rechts verschieben konnte. Waren Stäbchen und Räder richtig eingestellt, dann sorgten sie für das korrekte Ergebnis. Die Rechenuhr von Schickard hat eine große Ähnlichkeit mit der Pascaline, jener Rechenmaschine, die Blaise Pascal 1642 erfunden hat (vergleiche dazu die Seiten 72 und 73).

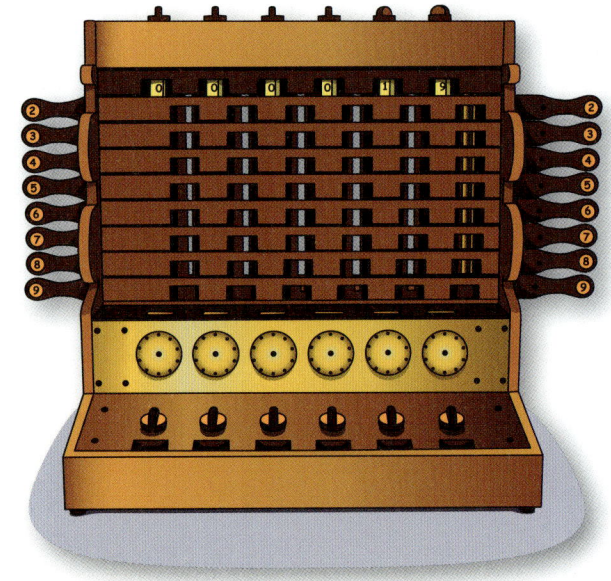

Wissenswert!

Besonders im Handel kam es in erster Linie darauf an, größere Zahlenkolonnen zu addieren. Hierfür wurden Anfang des 20. Jahrhunderts spezielle Addiermaschinen entwickelt. Manche von ihnen hatten sogar schon Tasten, die für einzelne Ziffern standen, und erinnern von daher ein wenig an den späteren Taschenrechner. Allerdings haben diese Tasten eher Ähnlichkeit mit denjenigen einer alten Schreibmaschine und das Prinzip, das hinter der Eingabe der Ziffern steht, ist auch ein ganz anderes als beim modernen Taschenrechner.

Die Curta

Die Curta ist wohl der erste Taschenrechner. Erfunden wurde sie in den 40er Jahren des letzten Jahrhunderts vom jüdischen Gelehrten Curt Herzstark (1902 – 1988). Herzstark wurde während der Entwicklung seiner Maschine von den Nationalsozialisten ins Konzentrationslager Buchenwald bei Weimar verschleppt. Weil die Nazis aber Adolf Hitler eine solche Maschine schenken wollten, konnte Herzstark seine Erfindung dort beenden und wurde nicht ermordet – anders als der größte Teil der Juden. Die Curta besteht aus einer Walze, auf der oben eine Kurbel angebracht ist. Auf der Walze ist zudem eine Zahlenskala zu sehen. Sie steckt in einer Blechtrommel, an deren Mantel verschiedene Schieber angebracht sind. Je nachdem, wie diese Schieber eingestellt sind, werden wieder unterschiedliche Rechnungen ermöglicht. Der Mechanismus, der in der Trommel steckt, ist ziemlich kompliziert und auch die Bedienung der Maschine musste man erlernen.

🎧 Die Curta gilt als der erste Taschenrechner und beherrscht die vier Grundrechenarten.

Wissenswert!

Die Curta wurde bald in Serie produziert. Bis 1970 sind etwa 140.000 Exemplare hergestellt worden. Ganz billig war das gute Stück allerdings nicht: Die kleine Version, die gut in eine Erwachsenenhand passt, kostete in den 60er-Jahren 425 DM; der Preis für die größere Ausführung lag bei 535 DM.

Alan Turing

↺ Alan Turing, der sich zu einer Zeit mit Computertechnik beschäftigte, als es noch gar keine Computer gab.

Unruhige Kindheit

Am 23. Juni 1912 kam Alan Turing in London zur Welt. Er verbrachte eine sehr unruhige Kindheit, weil sein Vater in Indien arbeitete und seine Eltern immer wieder zwischen England und Indien hin und her pendelten. Wenn sie nicht da waren, wurden Alan und seine Geschwister in einer Gastfamilie versorgt. Die Schule war deshalb für den Jungen sehr wichtig. Besonderes Interesse hatte er an den Naturwissenschaften. Er entschied sich schließlich nach Cambridge zu gehen, um Mathematik zu studieren. Später zog es ihn dann an die Princeton University, wo er 1938 den Doktortitel erwarb. Danach kehrte er nach Cambridge zurück, wo er den Philosophen Ludwig Wittgenstein kennenlernte, mit dem er heftige Streitgespräche über die Bedeutung der Mathematik als Wissenschaft führte. 1954 starb Alan Turing in einer kleinen Ortschaft in England. Er wurde nur 42 Jahre alt.

Seit der Mitte des letzten Jahrhunderts sind Computer immer wichtiger geworden. Heutzutage sind diese Maschinen aus unserem Alltag gar nicht mehr wegzudenken. Doch schon viel früher haben sich Wissenschaftler mit der Computertechnik beschäftigt. Der britische Mathematiker Alan Turing ist einer der berühmtesten unter ihnen.

Wissenswert!

Man erzählt sich, dass Alan Turing als Junge einmal über 100 Kilometer mit dem Fahrrad zur Schule gefahren sein soll, weil die Bahnarbeiter streikten und keine Züge fuhren. Jemand, der so etwas tut, muss wirklich gern zur Schule gehen.

Die Turingmaschine

Das Besondere an Alan Turings mathematischen Arbeiten liegt darin, dass er sich ganz intensiv mit der Computertechnik befasste – ohne dass er überhaupt einen Computer hatte. Man nennt so etwas dann theoretische Arbeit. In der Informatik gibt es ein ganzes Fachgebiet, in dem es nur um solche theoretischen Dinge geht: die theoretische Informatik. Dieses Fachgebiet hat sich zum Ziel gesetzt, herauszufinden, ob ein Computer ein Problem überhaupt lösen kann. Das kann man durch ein kompliziertes mathematisches Verfahren herausfinden, das Alan Turing erfunden hat. Man nennt dieses Verfahren auch die Turingmaschine.

Der Turing-Test

Alan Turing hat auch den sogenannten „Turing-Test" erfunden. Mit diesem Test kann man die „Intelligenz" eines Computers herausfinden. Dazu führt ein Mensch über ein Computerterminal mit zwei Partnern ein Gespräch. Einer der Partner ist ein anderer Mensch, der zweite ein Computer. Wenn die Testperson nach dem Gespräch nicht sagen kann, welcher von beiden der Mensch und welcher der Computer war, dann hat der Computer den Test bestanden und gilt als „intelligent".

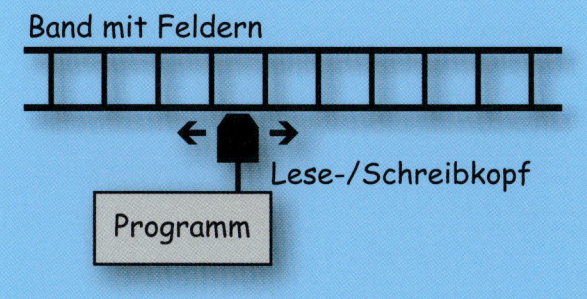

Band mit Feldern

Lese-/Schreibkopf

Programm

🎧 Die Turingmaschine besteht aus einem unendlich langen Speicherband und einem programmgesteuerten Lese- und Schreibkopf.

🎧 Person C kann nicht sagen, welcher ihrer Gesprächspartner der Computer ist, A oder B. Damit gilt der beteiligte Computer als „intelligent".

Die Z3 – der erste Computer kommt aus Deutschland

Wenn es um die Computertechnik geht, sind die USA zweifellos das Land, aus dem die meisten bahnbrechenden Erfindungen und Ideen stammen. Aber in einem wichtigen Punkt hatten sie die Nase nicht vorn: Der erste funktionierende Computer der Welt kommt aus Deutschland. Konrad Zuse hat ihn entwickelt und er trägt den Namen Z3.

Konrad Zuse (1910–1995), der Vater des Computers

Konrad Zuse wurde 1910 in der Nähe von Berlin geboren. Er studierte an der technischen Universität Berlin zunächst Maschinenbau, dann Architektur und schließlich Bauingenieurwesen. Eine Zeit lang arbeitete Zuse als Statiker bei der Henschel-Flugzeugwerke Berlin AG, aber das machte ihm schnell keinen Spaß mehr. Er kündigte den Job, um das zu machen, was ihm am meisten gefiel: Sachen erfinden.

Die Z1, eine Rechenmaschine mit kleinen Fehlern

Maschinen, die dem Menschen – vor allem Zuses Ingenieurskollegen – die manchmal schwierigen und zeitraubenden Rechnungen abnehmen konnten, faszinierten Konrad Zuse schon immer. Und so machte er sich im Wohnzimmer seiner Eltern an die Arbeit, einen Rechner zu bauen. 1939 war es dann soweit, er hatte die Z1 (Z steht für Zuse), seine erste Rechenmaschine, fertiggestellt. Die Idee, wie der Rechner funktionieren sollte, war gut, aber die Mechanik funktionierte selten so, wie sie das sollte.

↻ Mit fast achtzig Jahren baute Konrad Zuse seine Z1 aus dem Gedächtnis wieder auf. Sie war zusammen mit den Plänen im 2. Weltkrieg zerstört worden.

Wissenswert!

Die Original-Z3 wurde im Zweiten Weltkrieg bei einem Luftangriff zerstört. Zuses Pläne für diesen Computer blieben aber erhalten und so konnte man ihn später noch einmal nachbauen. Dieser Nachbau ist heutzutage im Deutschen Museum in München zu bewundern.

🎧 Der erste funktionierende Computer der Welt: die Z3. Hier siehst du eine Nachbildung, die im Deutschen Museum in München steht.

↻ Das Deutsche Museum in München

Die Z3, der erste funktionierende Computer

Weil die Z1 nicht wirklich gut funktionierte, tüftelte Konrad Zuse weiter an der Maschine herum. Am 12. Mai 1941 konnte er nach einem Übergangsmodell (Z2) den ersten funktionierenden Computer, die Z3, vorstellen. Er arbeitete mit vielen elektrischen Schaltern, den sogenannten Relais. Diese Schalter haben damals dieselbe Rolle übernommen, die heutzutage die winzig kleinen Transistoren spielen. Man konnte die Z3 schon richtig programmieren. Zuse stellte mit ihr wichtige Berechnungen für den Bau von Flugzeugen an.

🎧 Gedenktafel für die Entwicklung der Z3 in Berlin-Kreuzberg.

Moderne Computer

Der erste funktionsfähige Computer, die Z3 von Konrad Zuse, hatte mit Computern, wie wir sie heute kennen, noch nicht allzu viel gemeinsam. Überhaupt kann man die ersten Computer mit unseren PCs (Personal Computer) und Laptops nicht vergleichen.

⊂ Moderner Laptop

ENIAC

Vier Jahre, nachdem Konrad Zuse in Berlin den ersten Computer vorgestellt hatte, schlug auch für die USA die große Stunde in Sachen Computertechnik. Im Auftrag der US-Armee hatten Wissenschaftler an der Universität von Pennsylvania einen Computer entwickelt, den sie ENIAC (Electronic Numerical Integrator and Computer) nannten. Das war eine riesige Maschine, die aus fast 18.000 Röhren, 70.000 Widerständen und unzähligen weiteren Bestandteilen aufgebaut wurde. Als der Computer fertig war, hatte er fast die Maße einer Turnhalle, beherrschte aber nur die vier Grundrechenarten und konnte Wurzeln ziehen. Jeder kleine Taschenrechner ist heute besser – aber trotzdem war ENIAC ein wichtiger Meilenstein in der Computergeschichte.

↻ Großrechneranlage in den USA der 50er-Jahre

Die Zeit der Großrechner

ENIAC war wirklich eine gigantische Maschine. Man kann sich heute gar nicht mehr vorstellen, mit so einem Computer zu arbeiten. Aber auch in den ersten Jahrzehnten nach ENIAC beherrschten Großrechner das Geschehen. Diese hatten zwar nicht mehr das Ausmaß einer Turnhalle, aber so groß wie ein Kleiderschrank konnten sie allemal sein. Zunächst war es nicht möglich, dass man seine Daten selbst eingab, wenn man mit einem Großrechner arbeiten wollte. Das mussten andere Menschen, die sogenannten Operatoren, machen. Später dann konnte man schon mehrere Bildschirme und Tastaturen an einen Großrechner anschließen, Operatoren waren dann nicht mehr nötig.

Wissenswert!

Bei vielen Großrechnern funktionierte die Eingabe von Daten nicht über eine Tastatur wie beim heutigen PC. Damals bekamen die Computer ihre Eingabe mithilfe von Lochkarten. Das waren kleine Karten, in die mit einer besonderen Maschine Löcher gestanzt worden waren. Der Computer wiederum besaß ein Gerät, das diese Lochkarten entziffern konnte.

⮕ Ein Großrechner wird mit Lochkarten „gefüttert".

Auf dem Weg zum PC

Bis der erste PC erfunden wurde, dauerte es wieder eine ganze Weile. 1976 stellten Steve Wozniak, Steve Jobs und Ronald Wayne den ersten PC der Öffentlichkeit vor, den Apple 1.

⮕ Der Apple 1 ist der erste PC. Er wurde noch in einer Garage zusammengebaut und damals für 666,66 US-Dollar verkauft.

🎧 Ronald Wayne

🎧 Steve Jobs

🎧 Steve Wozniak

Der Taschenrechner

Jeder Computer kann auch rechnen. Ja, das Wort Computer bedeutet übersetzt sogar „Rechner". Allerdings sind Computer für gewöhnlich ein bisschen zu groß, um sie überall dabeizuhaben, wenn eine „normale Rechnung" nötig ist. In solchen Situationen haben sich kleine Rechenmaschinen, die Taschenrechner, bewährt.

⌂ In den höheren Klassenstufen heutiger Schulen gehört der Taschenrechner zur Grundausstattung für den Mathematik-Unterricht.

⟲ Der Taschenrechner ist aus vielen Berufen nicht mehr wegzudenken; hier eine junge Architektin.

Wissenswert!

Wenn du dir einmal alte Computer und Taschenrechner ansehen möchtest, kannst du das Taschenrechner-Museum an der Universität Stuttgart besuchen. Einen ersten Eindruck von den Dingen, die du dort findest, gibt es auch im Internet unter **http://computermuseum.informatik.uni-stuttgart.de**.

➲ Der Umgang mit modernen Taschenrechnern ist nicht schwer und so fanden sie schnell in vielen Berufssparten und über alle Altersgruppen hinweg Verwendung.

Der erste Taschenrechner

Der erste Taschenrechner wurde 1970 von einer amerikanischen Firma auf den Markt gebracht. Er beherrschte aber nur die vier Grundrechenarten und das Prozentrechnen. Das Ergebnis seiner Berechnungen zeigte dieser Taschenrechner nicht auf einem Display an, wie wir es heute kennen, sondern er druckte es auf einem schmalen Papierstreifen aus. Wirklich klein war dieser Taschenrechner allerdings nicht. Immerhin war er etwas mehr als 10 cm breit und ein wenig länger als 20 cm und er wog mehr als 800 g.

Der technisch-wissenschaftliche Taschenrechner

Der erste sogenannte „technisch-wissenschaftliche" Taschenrechner kam 1962 auf den Markt. Er beherrschte neben den vier Grundrechenarten vor allem einige mathematische Berechnungen, die für Ingenieure wichtig sind. Bis dahin hatte diese Berufsgruppe ihre Berechnungen mithilfe eines Rechenschiebers (siehe Seite 131) erledigt, doch nun ging alles viel einfacher. Der Siegeszug des Taschenrechners begann.

⮕ Der erste technisch-wissenschaftliche Taschenrechner der Welt: der HP 35. Er sollte in eine Hosentasche passen – so erklärt sich die Form.

Moderne Taschenrechner

Mit der Erfindung immer neuer und immer kleinerer Mikrochips machte auch die Entwicklung des Taschenrechners große Fortschritte. Die Geräte wurden immer kleiner und konnten immer mehr. Gleichzeitig gingen auch die Preise nach unten, sodass sich bald jeder ein solches Gerät leisten konnte. Mittlerweile findet man in den Geschäften nicht mehr so viele Taschenrechner. Das liegt daran, dass es für fast jedes Smartphone und jeden Tablet-Computer eine Taschenrechner-App gibt.

⮕ Moderne Taschenrechner passen in jede Hosentasche und erleichtern so den Arbeitsalltag. Bei Geschäftsterminen hat man ihn schnell zur Hand und kann ausrechnen, ob ein Geschäftsabschluss lohnenswert sein wird oder nicht.

Register

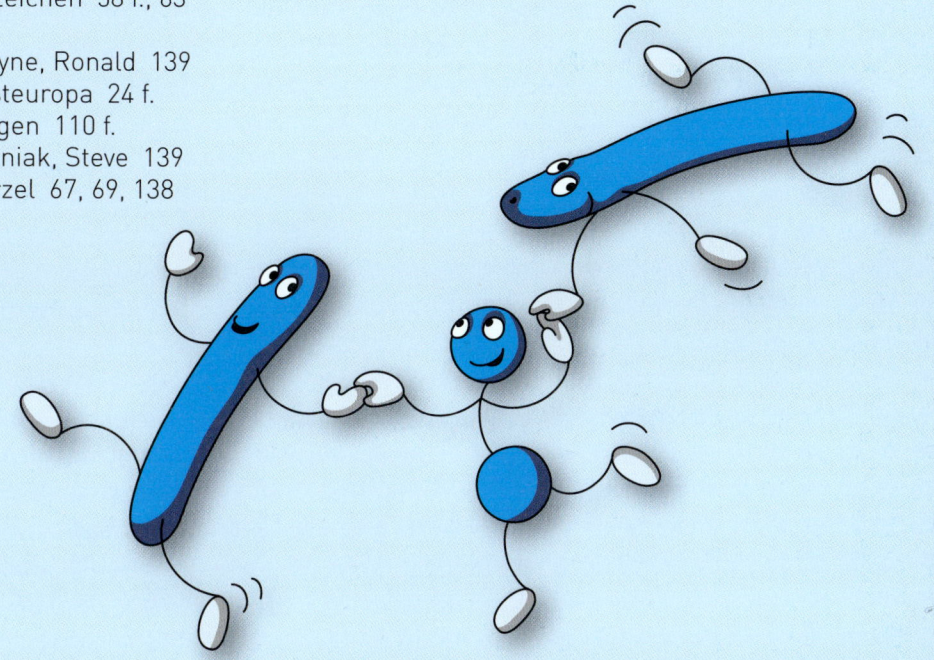

Bildnachweis

123rf: S. 6 m. Vitaly Valua; S. 9 m. gekaskr; S. 10 u. Pius Lee; S. 12 u. Iryna Rusavina; S. 17 o. Rui Vale De Sousa; S. 17 u. Natalia Lukiyanova; S. 23 u. r. Michael Smith; S. 26 o. r. Torsten Lorenz; S. 29 m.r. Peter Wey; S. 36 u. auremar; S. 39 u. Michael Brown; S. 42 u.l. Dimitar Marinov; S. 44 o. Grzegorz Kula; S. 46 o. Danilo Jr. Pinzon; S. 47 u. Katarzyna Bialasiewicz; S. 48 o. Luminita Lupu; S. 51 o. Benis Arapovic; S. 63 o. Nikolay Neveshkin; S. 67 l. Igor Vesninov; S. 75 u.r. ayzek; S. 76 o. Valeriy Ragozin; S. 82 u. Nagy-Bagoly Ilona; S. 84 r. Erik Reis; S. 84 l. Erik Reis; S. 85 o. stocksnapper; S. 90 o. Viktor Cap; S. 98 o. Yuri Arcurs; S. 99 o. Alejandro Duran; S. 100 u. kzenon; S. 101 u.l. Patrizia Tilly; S. 102 o. grazvydas; S. 102 u.l. Boris Ryaposov; S. 105 u. John McAllister; S. 108 u. Paolo77; S. 108 o.l. kjuuurs; S. 108 m.r. Stephen Rees; S. 108 m.l. design56; S. 109 u.r. Mike Flippo; S. 109 u.l. Pavel Bernshtam; S. 111 m. Radu Sebastian; S. 114 o. Leonid Yastremskiy; S. 115 Natalia Bratslavsky; S. 123 o. Karen Keczmerski; S. 126 u. Julija Sapic; S. 127 o. Andrey Kiselev; S. 127 u. Efim Lukichev; S. 131 o.l. Uwe Bumann

Fotolia.com: S. 6 o. Butch; S. 9 u. doomu; S. 14 u. Comugnero Silvana; S. 14 o. Xuejun li; S. 14 m.l. Xuejun li; S. 14 m. r. Xuejun li; S. 32 mihi; S. 38 o. Butch; S. 40 o. fotofrank; S. 40 u. Victoria P.; S. 41 o. markus_marb; S. 42 u.r. waj; S. 44 u. Hartmut Menz; S. 47 o. djama; S. 52 o. Christian Schwier; S. 53 o. Christian Schwier; S. 59 o. Eisenhans; S. 61 jund-ream; S. 62 u. Frank Waßerführer; S. 69 u. D.R.3D; S. 71 u. photowings; S. 75 u.m. deviantART; S. 76 m. hyperboreer2; S. 79 u. jokapix; S. 89 u. pressmaster;

S. 92 o. emeritus2010; S. 92 u. Gina Sanders; S. 93 o. PhotographyBYMK; S. 96 o. Maja Nicht; S. 97 u. womue; S. 108 u.r. Eric Iselée; S. 108 o.r. daboost; S. 109 o. ufotopixl10; S. 110 o. Falko Matte; S. 114 u. StephanieB.; S. 121 u. fabiomax; S. 122 o. Foto-Ruhr-gebiet; S. 124 o. Minerva Studio; S. 123 m. Marius Graf; S. 124 u. contrastwerstatt; S. 125 l. Marius Graf; S. 132 m. deviant art; S. 133 m. jemey; S. 137 m. Sebastian Krüger; S. 138 o. Cobalt; S. 140 m. Knut Wiarda

Picture-Alliance: S. 7 u.; S. 22 u.l.; S. 22 u.r.; S. 23 o.; S. 24 u.; S. 56 u.l.; S. 67 r.; S. 71 o.; S. 72 u.; S. 73 u.r.; S. 82 o.; S. 89 m.; S. 107 u.; S. 112 o.; S. 116 o.; S. 117 o.; S. 128 u.; S. 131 o.r.; S. 131 o.m.; S. 133 o.; S. 136; S. 137 o.; S. 138 u.

shutterstock.com: S. 119 o. Edyta Pawlowska; S. 123 u. Dimitar Sotirov; 139 u.m. Featureflash

Wikipedia (Lizenz cc-by-sa): S. 11 m.; S. 21 u.; S. 25 u.; S. 27 m. NordNordWest; S. 35; S. 51 u.; S. 55 u.r. LoKiLeCh; S. 57 o. Charles Thomas-Standford; S. 73 o.r. LITTOCLIME; S. 80 o. Chris 73; S. 80 u.r. Galilea; S. 81 o.; S. 86 o.; S. 94 u.l.; S. 95 o.; S. 106 u. Kassandro; S. 107 o. Daniel Schwen; S. 110 u.; S. 117 u. www.esa.int; S. 117 m. Hafenbar at de.wikipedia; S. 119 u. Masteraah; S. 121 o. NebMaatRa; S. 130; S. 131 u. Roger McLassus; S. 137 u. Axel Mauruszat; S. 139 m. Ed Uthman; S. 139 u.r. Stuart Yeates; S. 139 u.l. Aljawad; S. 141 o. Holger Weihe

Andere: S. 29 m.l. Lidmann Production, Stockholm, S. 98 u. Gerlinde Keller